室内设计师.66
INTERIOR DESIGNER

图书在版编目(CIP)数据

室内设计师．66，文创空间 /《室内设计师》编委会编著．-- 北京 ：中国建筑工业出版社，2018.2
ISBN 978-7-112-21819-6

Ⅰ.①室… Ⅱ.①室… Ⅲ.①室内装饰设计—丛刊
Ⅳ.① TU238-55

中国版本图书馆 CIP 数据核字 (2018) 第 030394 号

室内设计师 66
文创空间
《室内设计师》编委会 编
电子邮箱：ider2006@qq.com
微信公众号：Interior_Designers

中国建筑工业出版社出版、发行（北京海淀三里河路 9 号）
各地新华书店、建筑书店 经销
上海雅昌艺术印刷有限公司 制版、印刷

开本：965 × 1270 毫米 1/16 印张：13½ 字数：540 千字
2018 年 3 月第一版 2018 年 3 月第一次印刷
定价：60.00 元
ISBN 978-7-112-21819-6
（31669）

目录

CONTENTS

VOL. 66

大宅二三事

撰　文　|　王受之

对于所有人来说，一辈子呆得最多的地方还是住宅，住宅贯穿我们的整个生命，也贯穿了人类的整个文明。人类最早的建筑是住宅，现在热火朝天的房地产，买卖的还是住宅。对大多数人来说，他们为好的住宅投入了收入的最大部分，在住宅中度过了人生三分之一以上的时间。那么，好的住宅应该满足哪些条件呢？查查建筑历史，古罗马建筑家维特鲁威（Vitruvius）在他的《建筑十书》（De Architectura libri decem）中提出了三个条件：firmitas, utilitas, venustas，翻译出来是坚固（Durability）、实用（Utility）、美观（Beauty）。这三条原则被用来作为建筑的准绳已经有两千年了，迄今依然没有多大的误差。我们对待建筑的态度，也总是看住宅地点、建筑质量、空间大小、户型合理、好看与否这么几条，作为市场的商品，还要加上性价比，就是买卖房屋的准绳，维特鲁威的原则依然没有变。

通过几十年的发展，现在的住宅中坚固、实用方面已经没有问题了，符合国际标准的钢筋混凝土、金属框架结构可以长期使用，而在功能方面，户型越来越合理，通风、空调、水电系统、通信设备也越来越成熟。可以说大部分新建造的住宅已经满足了维特鲁威三个要求中的两个，而在第三个要求"美观"上，一直处在探索中。因为基于功能的住宅形式，可以有很多不同的风格，而哪一种风格被认为是美观的，并没有绝对的答案。美观的标准与时俱进，也会随着时代的变化而改变。中国传统的四合院住宅长期以来是美观的标准，但是从19世纪开始，西方住宅建筑逐步进入中国，这些近现代的住宅建筑具有更好的功能、更新的设备配置。在这些新功能的外面，是新古典主义的欧式风格，在20世纪中逐步被国人接受，并且日益视为美观的住宅风格。因此，我们从1990年代以来的住宅开发过程，是伴随着我们称之为"欧陆风格"的西方住宅式样进行的。从那时候到现在，在高级住宅设计上，西方风格基本占有主导性的地位，而传统的中式风格则很长时间没有得到重现。直到2002年前后，国内住宅中才开始出现一些具有中式风格的现代建筑，"新中式"这个称谓慢慢浮出水面。

这里就出现了一个问题，西方风格和东方风格其实自从两条丝绸之路都从意大利贯通、土耳其奥斯曼帝国攻占君士坦丁堡、学者带着古典经典出逃到意大利、马可波罗在热那亚监狱里口述着游记之后，东西方就已经不是对立的，而是融合的。

理论上，远东国家的确在现代建筑发展上比西方国家迟好多年，对于大部分亚洲国家来说，现代建筑仅仅在"第二次世界大战"之后才开始。在东亚的各个国家和地区中，我们可以看到两种不同的建筑现代化形式：一种是比较多国家和地区采取的完全西化的现代建筑进程，其背景是急遽的经济成长，许多国家和地区在这个背景之下采用完全西化的方式，放弃传统建筑精神与形式，拥抱西方现代建筑，急于追赶西方建筑最新潮流，最后在建筑上形成"亚西方"形态，没有了自己的独立面貌；另外一种类型是在西方现代建筑中企图探索一条能够结合传统的道路，把东方的精神、某些建筑形式的特征、空间的处理和现代建筑结合起来，这种类型的探

华西协和大学赫斐院

索在日本显得比较突出。日本建筑家丹下健三身体力行，早在1950年代至1960年代已经开始探索日本传统建筑形式和现代建筑的结合可能，这种探索在1964年的东京奥林匹克运动会主体建筑中体现得淋漓尽致。

100多年前，其实西方已经有相当令人侧目的东方风格设计运动。在英国和美国，这个运动相当有成就，当时被称为“工艺美术”运动（the Art and Craft），仅仅在美国，就出现了类似弗兰克·赖特、格林兄弟这样一些重要的设计大师，他们设计的住宅建筑、家具都在全世界具有相当震撼的影响。要说中国式的现代住宅，我看在西方早已出现，可惜这些住宅在中国却长期无人知晓。

中国在现代建筑出现以来的100多年中，也不乏探索现代建筑和传统风格的尝试，一些国内外建筑师早在百年前就开始设计中国式的现代建筑。这类型的设计就有1904年建造的保定淮公祠、1905年建造的成都华西协和大学、1907年建造的天津广东会馆、1908年年建造的福建福州女子文理学院、1912年在济南建造的齐鲁大学和同年在河南开封的河南大学、1919年建造的南京金陵大学北大楼、1921年建造的北京协和医学院，同年在山西建造的祈县乔家大院，那是一个相当大的社区住宅群，还有1923年建造的厦门大学群贤楼群和1926年建造的北京燕京大学等。

这些设计是中国式现代的探索，无论从功能还是形式来讲，并不亚于那些同时期在中国兴建的西式建筑。可惜民族形式的探索在1940年代至1960年代以来基本处于停顿状态，而外国的一些突出的借鉴东方形式特征和空间特征的建筑运动，包括“工艺美术”运动都没有在国内引起足够的重视。

即便现在，大部分青年建筑师对于传统民族形式的设计兴趣，也远远不如对西方风格的兴趣来得浓厚。要讲住宅的分级，其实没有必要跑到外国，古代的北京本身就已经分得极为细致，老北京城有两种主要的住宅类型：一种是权贵人家的深宅大院，以亲王府宅最典型，也就是府宅；而那些叫做“小宅门”的四合院、三合院是第二种类型，紫禁城为中心周边分布的是王府豪宅，而周边就是大小四合院。王安忆说：“北京的四合院是有等级的，是家长制的。它偏正分明，主次有别。它正襟危坐，慎言笃行。它也是叫人肃然起敬的。它是那种正宗传人的样子，理所当然，不由分说。当你走在两面高墙下的街巷，会有压力之感，那巷道也是有权利的。”

“府宅”这个字其实保护了两个方面的内容，一个自然是“宅”，就是住宅、居住的空间，对内性的、隐私的、亲和的、家庭的；而“府”是正式的、工整的、对外性的、主宾性的。大多数住宅不需要“府”这个层面的功能，也没有“府”的面积和空间，因此就统称住宅（residence），只有到了“府宅”这个层面，住宅内容提升了。因此在外文里也有另外一个对应的术语，叫做“mansion”，未必对应准确，但是类型的确有所不同。有些人会问“resort”这个字的对应，我觉得这个术语更多偏向“别墅”，现在有些人把豪宅统称“resort”，或者统称“别墅”，这两者都是主住宅之外

罗通达府宅（又名"圆厅别墅"）

的退隐住宅的称谓，所以一般人不会把自己的主宅叫做"别墅"。

府宅和平日称的"豪宅"也非完全重叠，因为城市内的豪宅绝大部分是在高层建筑里面的，并不接地气，没有院落，充其量利用"屋顶花园"方式做一个空中院落，已经是不得了的奢华了。府宅也不仅仅是地大的宅子，乡村宅子有好多不小，称不上"mansion"，就是位置决定的。城市的府宅，和乡下的大宅子最大的不同，是在城市规划中围合出一些高端住宅的区域内建造的。这里现代都市的府宅，或者是规划形成的，或者是历史形成的，而现代府宅的集中区，和现代都市的规划因此都分不开。纽约豪宅在上东城，但是府宅全部在长岛，就是一个很典型的例子。

"mansion"来源于拉丁语单词"mansio"，其实原来的意思仅仅是"居所"（dwelling），是一个抽象的、泛指的名词而已。但是发展到英语的"mansion"的时候，早期指教会可以自给自足的大宅，这个自给自足非常重要，因为宅子需要大，并且需要多种功能，至少包括教会的服务功能、也包括居住、生活的功能，这样的宅子其实已经有"府"和"宅"两方面的基本元素。再进一步，就是指私人府宅，在意大利，从罗马时期到文艺复兴时期都称之为"villa"，而拉丁语词根"manor"则主要是指中世纪以后的贵族们的大宅，从这个词的发展来看，我们似乎可以对应"府宅"到"mansion"。

其实，西方的舒适豪宅出现也就几百年，应该是在文艺复兴时期才有比较成熟的作品涌现，而其中最突出的一个，就是"帕拉丁风格"的创始人帕拉第奥。

我前几年去意大利看了世界上最早形成的一批帕拉丁住宅，颇有感触。

去意大利有好多东西看，教堂、绘画、雕塑、风景，我就多一样：看宅子。意大利经历了文艺复兴的绚丽发展，之后给欧洲住宅建筑的设计带来了很大的影响，特别是讲究的大宅子，也就是我们在这里说的府宅，权贵的住宅。

意大利古宅很多，学建筑的人言必称"古罗马"，虽然有一些罗马时期的府宅遗址，特别是维苏威火山掩埋的庞贝古城出土的一些豪宅，但是绝大部分只能叫"遗址"，房屋早已经倒坍，面貌不全，即便存在，也当古迹陈列，没有人住。所以，我们现在可以完整看到的古代府宅，还是意大利文艺复兴时期的多。

看文艺复兴的府宅，其中最重要的一处就是意大利北部小镇维琴察（Vicenza）。这个小镇曾经出过一个影响重要的建筑家帕拉第奥（Andrea Palladio），在建筑史上，他是新古典风格之中，以这种混搭手法推出"折中主义"的大师，虽然商业味十足，但是颇受时代欢迎，最后在英国、法国这些地方出现了跟随他风气的建筑运动，冠名为"帕拉丁风格"，影响力之大，难以估计。在伦敦走走，半数新古典住宅都受他的风格影响，因此来维琴察，和来看帕拉第奥的设计是一致的，维琴察、帕拉第奥差不多成为一体的话题。

从威尼斯开车去维琴察，也就一个小时，那天细雨蒙蒙，路断人稀，停好车在街上走走，好像走在一部关于文艺复兴电影里，其实维琴察很朴素，奢华的大部分在府宅里。所以说这座城市"低调而奢华"，而这里附近的罗通达府宅（Villa Rotonda）就是文艺复兴府宅的典型代表。

设计师帕拉第奥（Andrea Palladio）身世颇有趣，他生于文艺复兴全盛期的后期，

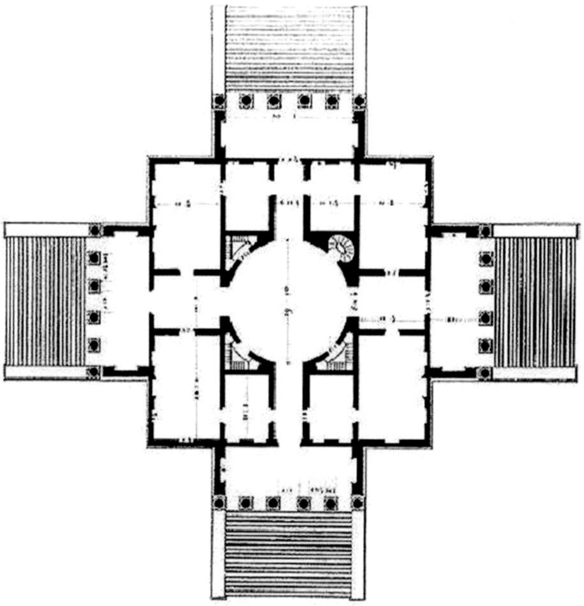
罗通达府宅平面图

出生的时候是1508年，那时候达芬奇已经快60岁了，米开朗琪罗也40多岁，那时候意大利还不是一个统一的国家，他家乡维琴察属于威尼斯共和国（the Republic of Venice），小时候跟的师傅特别喜欢古罗马建筑，喜欢古罗马建筑师的《建筑十书》，他受到很大影响，从而到从业做建筑设计的时候，就专走古典一路，喜欢混合配搭，在维琴察城里城外建了十多栋大宅子，包括罗通达府宅，开风气之先。

他的影响后来之所以这么大，倒不是这些宅子的直接影响，而是他在1570年出版的一本书，叫做《建筑四书》(I Quattro Libri dell'Architettura, 英语是The Four Books of Architecture)，这本书把新古典建筑、室内、装饰方法、要求作了规范，有点像学国画的《芥子园画谱》，一下子在欧洲遍传，跟着他走的外国建筑师不计其数。因此，在西方，看豪宅很难不看帕拉丁风格，就是这个原因，去维琴察的目的性也就很清楚了。

那一天我在维琴察看了几个建筑和博物馆，开车出城，没有几分钟就到了“罗通达”(Rotonda)宅子，意大利语中“罗通达”不是人名，而是圆形建筑的统称，在这里是指宅子的主要对外迎宾、接客、公共功能的部分是一个大圆形建筑。“罗通达府宅”正式的名称英国是“瓦马拉那府宅”（Villa Almerico Capra Valmarana），这个府宅因为具有文艺复兴盛期特点，又是大师亲手设计的杰作，因此早已和维琴察列入世界文化遗产项目（City of Vicenza and the Palladian Villas of the Veneto,the World Heritage Site）。一般中文介绍这个府宅称之为“圆厅别墅”，这栋府宅兴建于16世纪晚期，也就是文艺复兴的尾声时期。圆厅别墅坐落于庄园中央的高地上，平面呈正方形，按照纵横两条轴线严格地对称布置，四个立面完全相同。室外的大台阶直接通往二层，二层的入口门廊在立面上特意强调，以6根素面的爱奥尼圆柱支撑起三角形山花，远远超出结构上的实际需要。二层正中央是一个直径12m的圆厅，其穹顶装饰得很华丽。由于选择在山坡顶上建立，周边留出宽敞的草坪，建筑本身又是具有强烈新罗马风的经典古典复兴主义，这栋府宅绝对具有强烈冲击力。

帕拉第奥设计过相当数量的这类别墅，集中在维琴察镇的四周郊区，迄今整体或部分保留的仍然有20余座。我回来之后跟好多要去意大利看建筑的朋友推荐，不过还是再三强调：去前要做功课，如果不知道帕拉第奥的影响力，去看的也就是一栋大宅子而已。

讲西方大宅，好像还真不能不提美国长岛的那一批“镀金”府宅。19世纪下半叶、20世纪初叶的府宅设计，特别是住宅建筑类型、园林设计的类型，在西方变得多元化。这主要是和社会财富急剧增加有密切关系。20世纪初年，在西方叫做“镀金时代”，这些府宅也就成为“镀金时代”标志性的作品了。如果不看看这些豪宅，还真是不知道我们现在这些豪宅源于何处。 因为美国曾经在19世纪末、20世纪初期经历过一个经济高度发展、富豪辈出、豪宅风行的建设高潮，留下许许多多经典的、夸张的府宅。

最早看美国超级府宅，是去纽约长岛。

我大概和其他美国人差不多：第一次听到长岛、汉普顿（Hamptons）是通过菲兹杰拉尔德（F. Scott Fitzgerald）的小说《伟大的盖茨比》(The Great Gatsby,1925)，当

电影《伟大的盖茨比》以豪宅为背景

然，很多年纪小一点的朋友可能就是通过2013年改编的同名电影了，电影中极尽奢华地炫耀了汉普顿的豪宅，并且用盖茨比自己的府宅和他前女友丈夫拥有的府宅对比，夸张地炫耀了“镀金时代”的府宅。小说中有很多细致的描写，这也是我当年开车来看波洛克画室时心里想到的模糊印象。

我们都知道纽约的超级豪宅集中在最东面对着大西洋的长岛，长岛是一片看来很脆弱的半岛，像一把叉子一样伸出到大西洋里，一般称之为北叉、南叉，两个“叉”之间是一片内湖，景色非常优美。这个地方的气候据说和盛产葡萄酒的法国波尔多相似，因此有不少葡萄园，出产很好的葡萄酒。这个半岛在纽约很珍贵，最有价值的土地是朝南的，其中最高级的府宅，大量集中在汉普顿这个地方，从南汉普顿（Southampton）、汉普顿湾（Hampton Bays），到西汉普顿海滩（Westhampton Beach）是纽约权贵喜欢的小镇，那里的府宅不但多，并且有美国最昂贵的住宅，比如这里的萨加波纳克（Sagaponack）这块南面朝海的住宅区内，卖出过美国最贵的一栋独立府宅，超过6000万美元。在长岛，有两片顶级豪宅区，一个是从西汉普顿到有海滩的莫陶柯（Montauk）的区域，这里有21栋美国最贵的府宅，而另外一片在富甲一方的南汉普顿。

长岛这些“镀金住宅”里住的尽是显贵名门，百年前以纽约富豪居多，现在是大导演、明星、大设计师、音乐人为多，这里总是显赫人群的集中区。纽约州邮政编码11937这个位置上，也据说从汉普顿湾（Hampton Bays）开始，到蒙陶克（Montauk）为止这一段短短的路程上，密密麻麻地有数百个美国顶级文化人的居所，密度之高，不在加州的马里布之下。

“镀金时代”府宅（The Gilded Age mansions），是美国在1870年代到1900年之间建造的一批超级豪宅，投资方的各行业的顶级精英，比如石油、钢铁、铁路、经济技术、金融行业，之所以在那个特定时期建造，是因为当时完全没有所得税，因此所有收入都可以夸张地用以建造豪宅。这是近代史以来数量、质量、体量最最顶级的一批府宅，不但建筑一流、夸张，内部装修、收藏也极为丰富，大量收藏品、艺术品、园林都直接从欧洲移入，非常惊人。这个时期的府宅美国各地都有，但是最集中的还是在纽约州，特别是纽约市的两个地方，一个是在长岛汉普顿一带，另一个就是曼哈顿，这些巨宅豪府绝大部分用新古典主义风格，但是比英国那些新古典主义的要设计、建造得张扬和外露。

汉普顿是欧洲早年到北美的冒险家的货物集散地，从北美各地搜集到的货物集中在这里装船，运去欧洲各地，而从欧洲进口到北美市场的制成品也在这里卸货、发售到北美各地。因此这里传统以来就富人多，这些欧洲冒险家在辽阔的北美自然怀乡，因此开始在长岛，特别在汉普顿建造了许多完全模仿欧洲各地、各个历史时期的大宅子。1870年代以后，美国经济在内战之后开始高速发展，加上完全没有所得税，因此富人富得流油，钱多得不知道怎么处置，于是在这里建造了大量超级豪宅。

公开的数据上，美国是世界上豪宅最多的国家，已经完工的豪宅数量高达1090万套，占世界豪宅总量的62%左右。其中，全美地价最高昂的社区，就是我们

奥赫卡城堡鸟瞰

这里谈到的汉普顿，房屋中位价达到 850 万美元。我们俗称的长岛，也就是美国人喜欢叫的汉普顿三面临水，海岸线从南面一直环绕到东面，以度假胜地闻名世界。

据说整个长岛上最早的维多利亚大宅是在南汉普顿，叫做“无忧居”（Kilkare House），面对大西洋，门口就是长长的沙滩，这种用木片做墙面的手法后来变成木瓦墙面，叫做“Wood shingles”，在美国殖民地时期流行，直到现在也是美国住宅的特征之一。

安迪・沃霍尔 1972 年在东汉普顿的蒙陶克用 22.5 万美元的价格在海边买了自己的大宅子，据说他的作品《日落》（Sunset）便是从这栋蒙陶克住宅望出去的海景，后来调香师劳伦・勒・赫奈（Laurent Le Guerne）根据他的这张画创作了新香水，名字叫做安迪・沃霍尔 - 蒙陶克 - 邦德第九号（Bond No. 9 Andy Warhol Montauk）。

长岛上面的这些大宅很多不对外开放，因此难以见到内部面貌，前两年，电影《伟大的盖茨比》重拍，利用了好几栋最夸张的长岛豪宅做背景，吸引了全世界观众的注意，我也因此再去那里看可以开发的几栋巨宅。

第一栋很大，叫做“切尔西府宅”（Chelsea Mansion），这个宅子在一片空旷的自然保护地上，这片 550 英亩的景观用地叫做“姆顿城”（Muttontown），这宅子原来是富豪本杰明・穆尔（Benjamin Moore）夫妇的住宅，它在 1924 年建成，混合了中式、英国和法国风格，有 40 个房间，错落有致，内部空间很舒适宜人。是长岛 1920 年代“黄金海岸”（Gold Coast）一线的外简内奢设计风格中一个突出的例子。这个是可以买票参观的住宅，外部设计简单，甚至有点朴素，而内部则美轮美奂，特别是中国水墨墙纸、陶瓷氛围中的舒适法式、英式室内给我印象很深刻。（地址是 34 Muttontown Lane, East Norwich, NY 11732）。

切尔西府宅在长岛北岸，离汉普顿一线有点距离，长岛北岸称之为“黄金海岸”，是长岛另外一个很重要的府宅集中区。这里主要集中了 1920 年前后爆发的那些富豪的住宅，这类富豪在美国人口中叫做“老钱”（old money），主要和战后崛起的那些新富豪分开来。奎尔庄园及植物园（Coe Hall and Planting Fields Arboretum State Historic Park）就是一个例子。这里牡蛎湾（Oyster Bay）Upper Brookville 的寇世庄园及植物园占地 400 英亩。100 年前，保险业和铁路大亨亨利・寇（Henry Coe）夫妇请著名建筑师设计，采用从世界各地购买的名贵建材和花草树木，兴建有 67 个房间的都铎复兴风格主建筑豪宅，外加意大利风格花园。这个花园现在成了著名的植物园景点，拥有 400 英亩的园林，包括温室、树林、花园、草地，美轮美奂。他们夫妇喜欢园艺，在庄园内种了 500 多种不同的树木和灌木、超过 80 个品种的落叶和常绿的木兰系列、超过 1000 个品种的杜鹃花，还有收藏 1 万多个植物压制标本的标本馆。那栋灰色的都铎巨宅颇令人印象深刻，因为它是一个植物园，自然公开开放，也给我们一个可以一窥豪宅能够有多么大的园林的机会。

长岛大到令人目瞪口呆的巨宅是“奥赫卡城堡”（Oheka Castle），也就是电影《伟大的盖茨比》里面豪宅的原型。那栋巨宅是“镀金时代”的巅峰之作，据原小说作者斯科特・菲茨杰拉德的研究学者布鲁科尼（Matthew Bruccoli）表示，这个城堡是书

比特摩尔府宅

中盖茨比庄园部分灵感的来源。

奥赫卡城堡的构思开始于 1914 年，当时的一个银行家奥托・赫尔曼・卡恩（Otto Hermann Kahn）投资一百万美元的价格在长岛的冷泉港（Cold Spring Harbor）一次性购买了 443 英亩土地，建造他的庄园。头两年时间用在了建筑人工山丘上，硬是在这里堆起一座山丘，使得这里成为长岛最高的地方。在山上建造的这个城堡，1917 年建筑工程才开始，1919 年城堡建成，1100 万美元造价，如果按照今日价值来算，大概是 1 亿美元以上，之所以叫做"OHEKA"，是奥托・卡恩（Otto Hermann Kahn）名字前首写字母的组合。

这个豪宅建成之后接近一百年，一直是全美第二大私人住宅，第一名是范登比特（Vanderbilt）家族在北卡罗来纳州建造的比特摩尔府宅（Biltmore House）。建成之后，这座拥有 127 个房间的建筑被奥托・卡恩作为夏季别墅，并经常举办晚会来招待皇室成员、好莱坞明星和达官贵人，当时全职的仆人就有 126 个。

奥赫卡府宅经历颇为复杂，1934 年奥托・卡恩因为心脏病突发而过世，死于心脏病后，维护这么庞大的建筑和园林非常困难，家人因此在 1939 年将住宅卖给了纽约的环卫工人福利基金会。此后这里成为纽约环卫工人的老人院。1942 年，大战正酣，这里成为美国商业海运船队的无线电报务员的培训学校。1944 年，温室花园部分卖给了奥托・卡尔（Otta Keil）家族，现在就是奥托・卡尔植物园。1948 年以后，这个巨大住宅建立了"东部军校"（Eastern Military Academy），1979 年东部军校的关闭，奥赫卡府宅被完全废弃，成了无人知晓的废墟一片。1984 年，长岛开发商加里。米留斯（Gary Melius）用很便宜的价格（大约 150 万美元）收购了这片废墟，决心恢复原有的辉煌。但是多年来这片原来 443 英亩的巨宅园林被分割零卖，仅剩 23 英亩的面积，还不到原来的零头。

重建工作颇为惊人，单单垃圾就用大集装箱车运了 300 车。重新装窗门，就有 222 个之多，从原来建造奥赫卡府宅的屋顶瓦制造商处再购买同样的瓦顶，所费巨大。到 1988 年，米留斯自己顶不住了，那时候日本资金正在涌入美国，他不得不把这个还没有完工的项目以 2250 万美元的价格卖给了横井英树（Hideki Yokoi）。横井英树当时来势汹汹，要买下纽约的帝国大厦，买奥赫卡府宅的时候也信誓旦旦的要重新恢复昔日辉煌，经过十年努力，他也撑不住了，这个物业在他的一个女儿手里不知道怎么收尾，因而再谈租赁，原来已经退出项目的业主加里・米留斯又以长期租赁的方式获得经营，几年之后，再买了回来。现在，这个历史豪宅终于完全恢复了原有的辉煌，每个细节都不遗余力地再现原有的奢华，重建费用超过了 3000 万美元。

这个宅子是最容易参观的，因为它现在是一座度假村式的酒店，有 32 间豪华客房、套房，有高尔夫球场和网球场，多部影视作品选为背景。有些人说，如果要体会当年盖茨比的感觉，就要到这里住一下。

根据记载，真正最"豪"的大宅，是原来在纽约曼哈顿第五大道的威廉・阿斯托尔夫人府宅（Mrs. William B. Astor House,

比特摩尔府宅环境

1896），据说是美国最豪华的宅子之一，原来在曼哈顿上东城（the Upper East Side）第五大道840号（840 Fifth Avenue）上，是给美国地产大亨威廉·阿斯托尔（William Backhouse Astor, Jr.）的夫人卡罗琳·阿斯托尔（Caroline Astor）建的，习惯上大家都叫"阿斯托尔夫人府宅"。这巨大的建筑1893年开工，到1896年才完工，设计师叫做理查德德·莫里斯·汉特（Richard Morris Hunt），采用典型的法国文艺复兴风格（French Renaissance style），目的是要模仿法国的城堡府宅（ch teau）。那真是一栋巨宅，单单舞厅（the ballroom）就可以轻轻松松地包容2000人在里面活动、跳舞、用餐，是当时纽约最大的豪宅。

在这栋建筑建成之前，美国最大的那一栋豪宅也是阿斯托尔夫人的，它在第五大道350号，也就在24街交界处那一栋里面，舞厅容纳大约400人左右。可惜我们这里谈到的阿斯托尔夫人府宅已经不在了，那栋豪宅在阿斯托尔去世之后，出售给房地产开发商是本杰明·温特（Benjamin Winter, Sr.），我按图索骥去看原址，现在是伊玛努尔教堂（the Congregation Emanu-El of New York）。这个最顶级的府宅还是很多人关心，我特别去图书馆找资料看，建筑设计非常宏大，细节也丰富。首层入口，进入一个圆形穹顶的前厅（a domed vestibule），采用英国新古典时期的亚当风格（the Adam style）设计，据说阿斯托尔夫人和管家赫福迪（Mr. Hefty）就在这个前厅接待客人，这里悬挂着卡罗琳·阿斯托尔的巨大油画肖像。经过前厅，穿越一条长长的纯大理石走廊，走廊两侧全部是阿斯托尔家族、卡罗琳家族历代祖先的半身胸像雕塑，才进入正式的接待厅（The reception room），这厅称之为"大厅"（the great hall），气派恢宏，接待厅有巨大的白色大理石回旋形状阶梯通往二楼，我看当时的照片，那些大理石楼梯的雕塑栏杆精致讲究，现在难以找到如此的工匠重做了。

阿斯托尔夫人府宅的化妆室极为讲究，金碧辉煌，顶棚是全金色的，英语中化妆室叫做"drawing room"，墙上金框全部镶大镜子，就是一个金色的"镜厅"，地板上铺波斯地毯、豹皮毯、羽毛毯。而餐厅的墙面是黑色的大理石，墙上悬挂着欧洲中世纪、巴洛克时期的挂毯，用我们现在的话来说，就是"极尽奢华"的装饰手法。餐厅旁边还有早餐厅、卡罗琳·艾斯托尔夫人的茶室，茶室用东方风格装饰。

这栋住宅最讲究、最大的是舞厅，整个宅子后面部分，从一楼到四层全部属于舞厅空间，供大型的招待会用，同时也是这个宅子最大的画廊，墙上都是收藏的名画、列队方式陈列的雕塑、收藏的各种文物尽数其中。顶棚上是巨大的水晶吊灯，那种场面，现在反而在很多国内的豪宅里面可以看见。

美国地广人稀，除了纽约这样人口密集的城市，房子大到什么地步也很难凑上"府宅"这个级别。现在的豪宅总是几百亩、上千亩，有自己的庄园、马场，甚至飞机场。因此，在美国谈豪宅还真不容易。看了美国的府宅之后，连同在欧洲所见，特别是伦敦看的府宅，我对于西方府宅有了一个比较完整的印象。从这个高度来看北京的府宅，自然很流畅，也容易理出中国形式新府宅的思路。END

文创空间

撰　文 | 郑紫嫣

文创，即文化与创意。文创空间是将文化、生活、艺术等相结合的综合体验场所，蕴含着丰富的人文理想情怀。近年来，文创空间的发展与源于日本和中国台湾的"生活美学"理念有着紧密关联。在商业领域，最早得到市场认可的文创空间类型是书店，如被大众熟知的台湾诚品书店，便是文创空间的典型案例，同时也成为被频繁效仿的经典模式。

当文化性逐渐从校园、书店等传统范畴走向大众，艺术也从博物馆、美术馆向日常生活渗透。文创的价值变得更加商业化、复合化。建筑与空间在满足功能和使用的基础上，进一步提升了对场所精神的关注。这无疑对设计师提出了更高的要求，如何创造出有情怀、高品质、独居匠心并融入地方特色的感性空间，成为了思考设计的关键。

本期主题精选近期国内外的优秀文创空间设计案例，涵盖了书店、艺术馆、文旅酒店、创意办公等诸多类型。

艺术展览作为文化传播的典型形式，一直是文创空间的实践重点与探索先锋。大舍多年一直致力于该领域的创作，近期竣工并完成首展的上海民生码头8万吨筒仓项目，将工业建筑遗产在保留历史特色的同时，改造成能容纳不同展览需求的场所，成为了黄浦江畔崭新的文化地标。

图书馆及书店类型的实践作品十分丰富。直向建筑的新作烟台所城里社区图书馆，将图书馆的概念延展到社区，利用传统建筑的院落特征，融入社区活动、展览、阅读等多重功能，形成街坊邻里的特色空间；Wutopia Lab 的古北壹号地下森林同样将阅读空间拓展到居住社区，激活了街区的人文氛围；法国建筑师 Dominique Coulon 在文化建筑领域一直实践颇丰，新作法国蒂永维尔媒体图书馆突破了传统图书馆单一、沉闷的展示形式，建造了一处知识的游乐场，强调人与空间、人与人、人与知识之间的多元互动体验，为当下国内图书馆的设计起到了很好借鉴作用。

其他类型包括曾群工作室的上海棋院，以纯粹、简洁、充满韵律的立面，实现了文化元素与空间形式有机结合；芝作室的 APF 工作室利用广州一处老住宅楼底层的空置边角，置换成为兼具咖啡馆、工作室等功能的灵活区域，为城市的老旧街道注入了生机与活力；新锐事务所 Nong Studio 的设计工作室选址于杜月笙的旧粮仓建筑，在充满神秘气息的建筑遗产中，置入一处精致的"黄金屋"。

主题中亦展示了近年炙手可热的日本设计师青山周平的三处新作——苏州有熊文旅公寓、北京协作胡同胶囊酒店与北京国子监失物招领家具店。三处项目均基于地方老建筑的改造，苏州古宅和北京胡同的历史沉淀与现代化的功能结合后，展现出充满匠心的人文精神，场所的文化性得到进一步提升。

目前，国内的文创领域仍处于发展阶段，市场需要经过探索的过程，与之对应的建筑空间也需要更多元的尝试。从类型到功能，交叉更加普遍，界限更加模糊，我们期待设计师不断带来新的惊喜。END

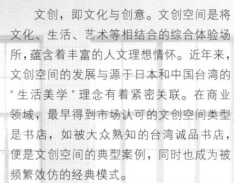

上海民生码头 8 万吨筒仓改造

RENOVATION OF 80,000-TON SILOS ON MINSHENG WHARF

摄　　影 | 田方方
资料提供 | 大舍建筑设计事务所

地　　点	上海市民生路3号
建筑事务所	大舍建筑设计事务所
建 筑 师	柳亦春、陈屹峰
设计团队	柳亦春、陈晓艺、王伟实、王龙海、张晓琪
合作设计	同济大学建筑设计研究院（集团）有限公司
业　　主	上海东岸（集团）有限公司
施工单位	上海一建集团有限公司
功　　能	临时展览
改造面积	约16 322m²
设计时间	2016年12月~2017年10月
竣工时间	2017年10月

1 从远处望筒仓
2 立面

8 万吨筒仓是上海民生码头最具震撼力的工业遗产，虽然建成时间只有短短的 22 年，却作为不会再出现的建筑空间类型而具有历史遗产的保护价值。按照著名艺术史学家阿罗伊斯·李格尔（Alois Riegl）的分类法，它属于"非有意创造的纪念物（Ungewollte Denkmal）"。作为曾经的生产建筑，其原本的生产功能在城市的发展进程中逐渐退去，留下空却的建构物已如废墟般存在，这时曾经在这个空间中所发生过的劳作不再成为关注的焦点，反而是作为废墟的筒仓，其建造逻辑因背后工业生产的工具理性而突然成为城市中的野性力量，令人赞叹不已。

对待工业遗产，"更新"的观念与"原真性"保护修缮理念似乎永远存在某种矛盾，而事实上原真性在建筑脱离其原本的时代和社会背景的条件下，也是不可再现的，工业遗产的修缮和保护更应在延续和保护其历史价值和文化意义的基础上，使其在新的时代和社会背景中获得新的价值和意义。

由国际古迹遗址理事会（ICOMOS）澳大利亚国家委员会所制定的《巴拉宪章》为文物建筑寻找"改造性再利用"（Adaptive Reuse）的方式越来越受到重视，并在工业遗产保护项目上加以推广。"'改造性再利用'关键在于为某一建筑遗产找到恰当的用途，这些用途使该场所的重要性得以最大限度地保存和再现，对重要结构的改变降低到最低限度并且使这种改变可以得到复原"——《巴拉宪章》所定义的"改造性再利用"指的是对某一场所进行调整使其容纳新的功能，这种做法因没有从实质上削弱场所的文化意义而受到鼓励推广，"寻找恰当的用途"应当成为工业建筑改造一个非常重要的前置性条件。

8 万吨筒仓作为上海城市空间艺术季的主展馆便是在这一"改造性再利用"的原则下所进行的一次空间再利用的积极尝试，以艺术展览为主要功能的城市公共文化空间是为 8 万吨筒仓所寻找的非常适合的功能，能最大程度地符合现有筒仓建筑相对封闭的空间状态。

本次艺术季主展馆主要使用筒仓建筑的底层和顶层，由于筒仓建筑高达 48m，要将底层和最顶层的空间整合为同时使用的展览空间，必须组织好顺畅的展览流线，

SUSAS

同时也要处理好必要的消防疏散等设施。本次展览流线组织的最重要的一个改造动作是通过外挂一组自动扶梯，将三层的人流直接引至顶层展厅。这样人们在参展的同时也能欣赏到北侧黄浦江以及整个民生码头的壮丽景观，除了悬浮在筒仓外的外挂扶梯，筒仓本身几乎不做任何改动，极大地保留了筒仓的原本风貌，同时我们又能看到重新利用所注入的新能量。这个改造动作直接面对了筒仓改造的主要矛盾，即原本封闭的仓储建筑在转为公共文化空间时如何获取必要的开放性？如何建立在新时期的时间性与场所感？这组外挂扶梯无疑重新定位了8万吨筒仓的位置：通过引入浦江景色去揭示它坐落在黄浦江边这一事实，同时将滨江公共空间带入这座建筑。建筑的公共性由此获得，一种新的时间也被铭刻在旧有的时间上。

在外挂扶梯的底部，还邀请了艺术家展望一起合作，利用艺术家独特的拓片肌理的反射不锈钢板作为外挂扶梯的底面装饰，它倒映着民生码头周遭的景象，而外挂的这组巨大的扶梯体量也因此变得轻盈。

未来，随着从江边直上筒仓三层的粮食传送带被改造为自动人行坡道，一个从江边可以直接上至筒仓顶层的公共空间得以建立，这个壮观的公共空间将成为浦东滨江贯通和民生码头空间更新项目之间的重要纽带，新的公共性得以建立。END

1 外挂的自动扶梯直上顶层
2 一层平面
3 七层平面（大空间展览区）
4 外挂扶梯底部的反射钢板不锈钢材质

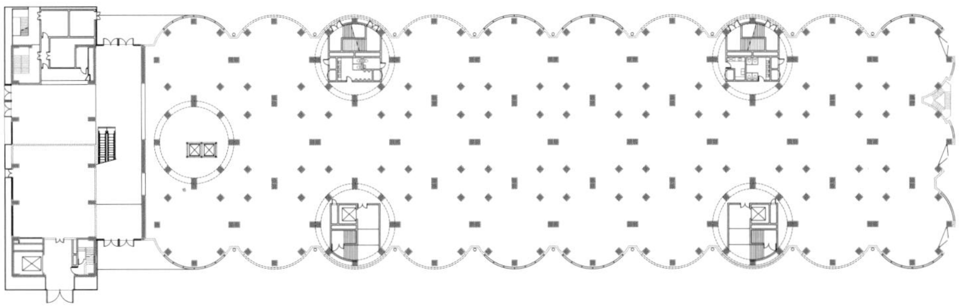

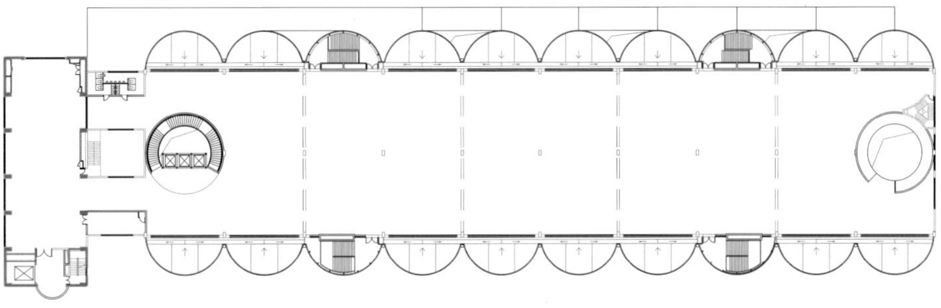

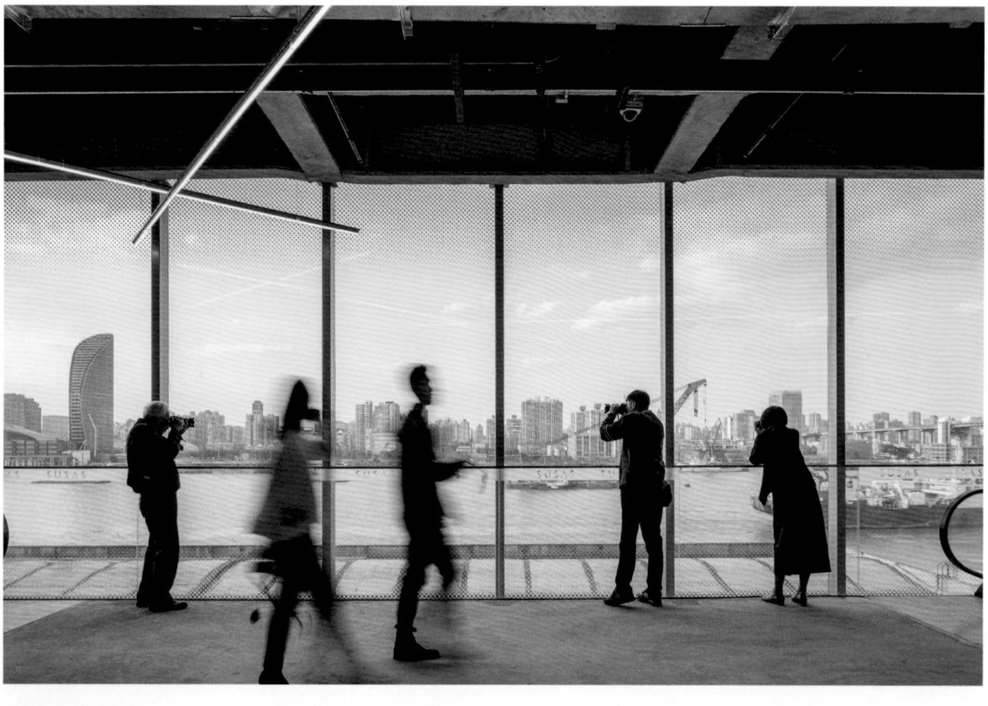

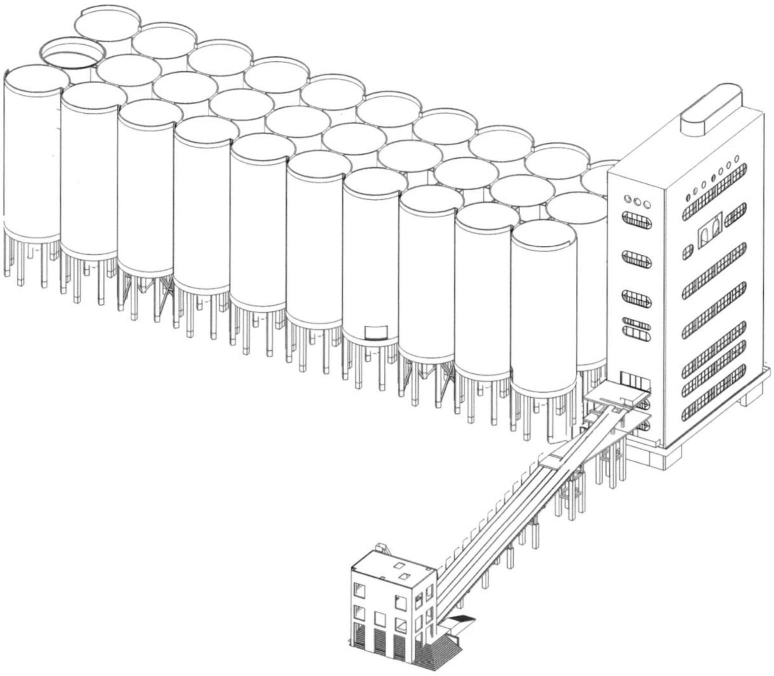

1 3
2 4

1 内部坡道

2 自动扶梯抵达的平台可观赏一览无遗的浦江之景

3 整体轴测

4 一层空间

松美术馆
SONG ART MUSEUM

摄　影	夏至、杜诗雨
资料提供	松美术馆

地　点	北京市顺义区
设计构想	王中军
设计工作室	朱周空间设计
设计总监	周光明
设计团队	施海、洪宸玮、朱彤云、黄晶、白建玢、黄茗诗、凌博远
占地面积	约22 000m^2
展览面积	约2 200m^2
开幕时间	2017年9月

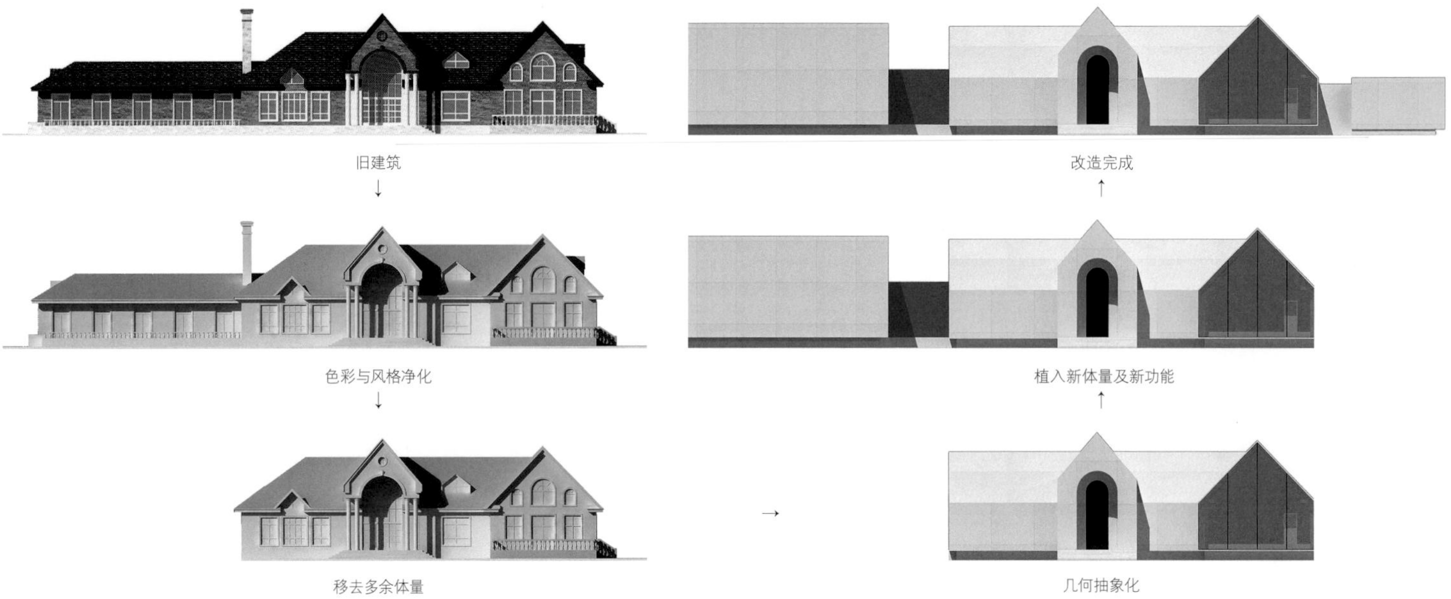

1 2 3

1 设计改造历程

2.3 庭院、建筑与松植交相辉映

松美术馆坐落于北京市顺义区温榆河畔，她是由当代艺术家及艺术品收藏家、华谊兄弟创始人及董事长王中军先生创办的私立美术馆。松美术馆是一处旧建筑改造项目，在化身艺术空间之前，原本是王中军先生的马场。艺术气息的融入，为旧房带来了一场完美的蜕变。松美术馆的命名，源于王中军先生对松的热爱，他阐述道："美术馆初建期间，路途中的我偶然经过一片松林，那屹立的松瞬间打动了我。松，是我最喜爱的植物造型，也是中国传统艺术与精神的化身。"

"松"的意向，在中国古诗词中与"雪"密不可分。在松美术馆的设计中，建筑外立面以雪之白为唯一色彩，精致的黑色窗棂与纯净的白形成对比，在其映衬下松与庭院的绿植更显青翠。改造中，原有维多利亚式的建筑及西式庭园被舍去，取而代之以干练、简洁的几何风格，"留白"的意境与西方逻辑思维中"几何"表现相互结合，东西方文化在此美妙糅合。

与国内城市中许多私立美术馆不同，松美术馆拥有如长卷轴般展开的基地以及超过 40 亩的院落，她不是一处被城市高密度包裹的狭小空间，而是一处能够放空身心、冥想自然的所在。在空间营造上，建筑与庭院的关系根据艺术空间的功能需要被重新梳理，以美术馆为建筑主体，左右为古建的还原以及牌楼的安置，既实现了主人的爱好也呼应了东方美术馆的定位。若干不同的几何建筑体相互连接，新的回廊穿梭其间，连接起原本互无关联的旧建物。室内地面至地下区域，创造了垂直开放的空间，整个空间在多个维度间进行延伸。建成后的松美术馆，富饶的庭院包围中，拥有超过 2000m^2 的建筑空间。199 株形态多姿的松树，妆点其间，有的植于墙角，有的植于门边，有的种植在天井中，行走建筑内，松亦如一件件隔着玻璃橱窗的艺术品。

富有东方气韵的松树与简洁的几何形体、流畅的拱券门洞相互衬托，展现着传统文化与现代精神的碰撞。松美术馆如同一位富有内涵、肌肤如雪的女子，不需要任何多余的项链、耳环、服饰去衬托，而以最纯洁的形体展现高雅的气质，反而更显出熠熠光辉。夜幕渐落时，美术馆的大面落地玻璃，透出内部温柔的光线，建筑如同静立在青草间的明亮盒子。庭院、建筑、松植彼此映衬，在月光下显得质朴、宁静而富有诗意。

2017 年 9 月，松美术馆迎来了开幕后的首展——"从梵高到中国当代艺术"，集中呈现了以王中军先生收藏为主的国内外众多艺术珍品，是他 20 多年收藏生涯的一次系统性的梳理。展览作品均为他的精选收藏，包括印象派、20 世纪初中国艺术及中国当代艺术几大部分。松美术馆作为王中军先生"美术馆群"计划的一部分，也是该计划的起始标志。他希望在全国各地通过不断建设美术馆，增进公众对中国当代艺术的理解和欣赏，为中国当代艺术发展带来推动。希望这里吸引的，不仅是收藏家、艺术家，更有大众的关注，并成为社会的艺术文化聚合地，架起艺术与大众间的桥梁。同时，他希望扶持刚毕业的年轻艺术家的发展，并致力于更多方向。这座年轻的美术馆，只是一个起点，未来将为更多充满才华、潜力的新锐艺术家提供舞台与机会。END

1	3 4
2	5

1 主入口

2 夜幕下的庭院与建筑

3.4 首展中阿尔贝托·贾科梅蒂的作品

5 夜幕下熠熠生辉的纯净“盒子”

1 | 2 3 | 4

1-4 室内空间与细节

德国曼海姆美术馆
KUNSTHALLE MANNHEIM, GERMANY

摄　　影	Marcus Bredt, Kunsthalle Mannheim, Lukac Diehl, Hans Georg Esch
资料提供	gmp

设计公司	gmp
设 计 师	冯·格康（Meinhard von Gerkan）、尼古劳斯·格茨（Nikolaus Goetze）、福克玛·西弗斯（Volkmar Sievers）
项目负责人	苗笛（竞赛阶段）
设计团队	Ulrich Rösler, Mira Schmidt, Steffen Lepiorz, Liselotte Knall, Kai Siebke, Frederik Heisel (均为竞赛阶段)
三维效果表现	Markus Carlsen, Tom Schülke, Jens Schuster, Christoph Pyka, Kenneth Wong, Björn Bahnsen
项目负责人	Liselotte Knall, Kerstin Steinfatt （均为实施阶段/截止至第五设计阶段）
设计团队	Ulrich Rösler, Raimund Kinski, Amra Sternberg, Viktoria Wagner, Hanna Diers,Michèle Watenphul, Anna Falkenbach, Felix Partzsch（均为实施阶段/截止至第五设计阶段）
项目管理	W+P Gesellschaft für Projektabwicklung Sven Lemke, Kevin Puhmann （均为第六至第九设计阶段）
业　　主	曼海姆美术馆基金会
建筑面积	17 366m^2
开幕时间	2017年12月

摄影：Kunsthalle Mannheim, Lukac Diehl

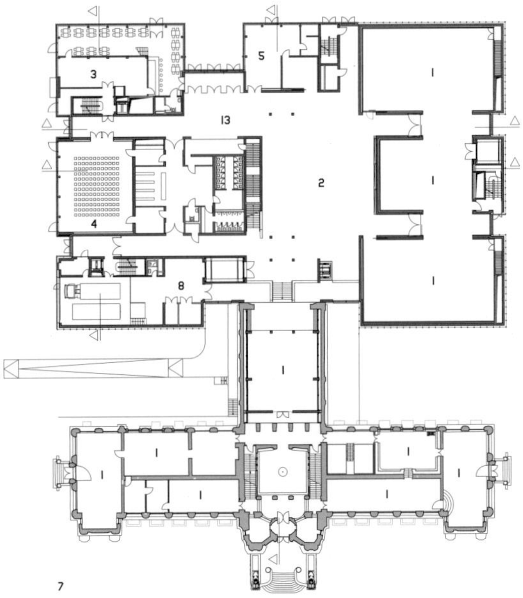

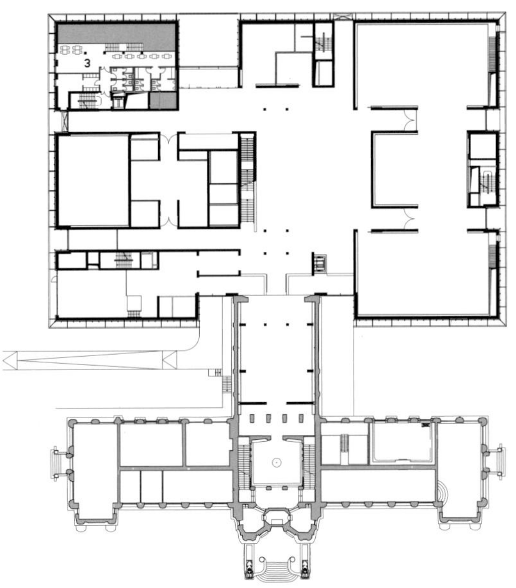

0 1 5m N

1 展览空间
2 前厅 / 入口门厅
3 咖啡厅 / 餐厅
4 活动空间
5 店铺 / 书店
6 上货区 / 艺术品运送
7 雕塑花园
8 工作人员日常设施
9 仓库
10 屋面平台
11 绘画展品和雕塑仓库
12 绿植空间
13 走廊 / 画廊
14 办公室（中间楼层）

1 2 | 4
3 | 5

1 一层平面
2 二层平面
3 鸟瞰（摄影 :Kunsthalle Mannheim, Lukac Diehl）
4.5 室内空间（摄影 :Marcus Bredt）

由 gmp 建筑师事务所设计的曼海姆美术馆新馆是目前德国规模最大的博物馆建筑，它以引人瞩目的姿态置入了周围环境。美术馆新建部分位于曼海姆菲德烈广场上，与由赫尔曼 · 彼凌（Billing）设计的青年风格旧馆历史建筑局部相连。

建筑由"城中之城"的理念发展而来，在简洁的体块内，将独立的展览和附属功能空间穿插错落，构成极富张力的空间尺度。单体空间围合于一个中央光庭四周，其间的交通通过连廊、平台和空中桥梁实现。这令人联想到城市中构成空间的元素 —— 建筑和街区，道路和广场；充满变化的交通流线、闭合与开放的转换，为建筑室内增添了丰富多变的视角。如此以来，美术馆正如同曼海姆棋盘状的城市布局一般，整体上严谨有序的结构提供了清晰有效的空间辨识性，同时丰富多样的建造形态、变换退进的空间边界、挑空留白和叠加扩展塑造出崭新的空间体验，令其独一无二。

在城市布局上，正如同 100 年前美术馆建立时的初衷，位于菲德烈广场公园一侧坐落着美术馆气势磅礴的主立面。来访者将从位于这里的主入口进入中央光庭。贯通三个层面之上的永久展览和各种临时展览的参观流线起始于此，三层中的两层直接与旧馆相连。大尺度展览空间拥有照明屋顶，可以营造变化的光线效果；独立的立方体展览空间内设有侧光照明；另外一座大型观景平台可以陈设美术馆极具价值的雕塑收藏。美术馆第三层参观流线内设有一座屋顶花园，在这里可以将菲德烈广场包括著名的水塔景致尽收眼底。

幕墙

美术馆的立面由透明的黄铜色不锈钢织网覆盖，定义出建筑整体色彩基调，尊重了周边建筑多采用的当地特有砂岩质地，并赋予了博物馆建筑体块令人过目难忘的整体形象。金属织网由位于北莱茵·威斯特法伦城市迪伦的织造工场专门依据曼海姆美术馆的需求设计生产，具有艺术创造上的独一性。织网网孔大小的变化实现了外立面不同的透明度需要。整个金属织

网覆面由72组独立的镀铜不锈钢面板构成，总面积4635m²。每8条直径3mm的不锈钢管由四股缠绕的绞索固定。织网表皮悬挂于固定在封闭幕墙外直径25mm的钢管。

织网表面镀铜钢管密度排布的不同呈现出程度各异的通透感，实现了与室外不同的视线联系，也在不同的季节、不同日光照射条件下呈现出生动而富于变幻的形象。在夜晚，自重44吨，高21m的立面可以通过103组聚光灯照亮。通过精确的设计安装，金属织网外表皮可在极端温度或飓风等特殊气候条件下保持原状。

这样的设计令建筑体的整体性得到了很好的强调，而建筑内独立的展览空间体块则会在白天和夜晚照明效果改变时刻、或者远近视角变换过程中逐渐显露自身。"艺术之城"的理念体现在一个统一的城市肌理之下，每一座独立建筑体都可以实现自我表达，这样的展览空间可以最大程度地实现艺术展览在策划和布置上的自由度。

中央光庭

"城中之城"的概念通过一座中央光庭得以实现，中庭相当于博物馆内的"市民广场"，是城市公共空间的延展，也是美术馆展览空间的开端。从这里可以直接到达纪念品商店。安塞姆·基弗的一幅浮雕作品处于视线的焦点处，其与另外若干艺术作品刻画出中庭的形象。参观者将通过中央光庭内的参观路线到达新建建筑上层的展览空间。美术馆开幕后，与旧赫尔曼·彼凌建筑的连接处将作为一座灯光装置展厅由当代艺术家詹姆斯·特瑞尔进行重新设计，这里的雕塑花园将以崭新的空间背景呈现原先展示于此的一系列著名雕塑作品，例如Nigel Hall的《慢动作》和Christoph Freimanns的《巨虫2》。建筑空间布局令美术馆和城市空间在功能和视线上产生多元联系，艺术感知通过建筑形式被引入城市空间，同时城市的日常生活也在建筑内部获得了映射和呈现。END

1 外观夜景（摄影：Hans Georg Esch）

2 金属织网外表皮（摄影：Hans Georg Esch）

3 室内空间（摄影：Marcus Bredt）

1.4 通高空间(摄影:Marcus Bredt)

2.3 交通空间(摄影:Marcus Bredt)

烟台所城里社区图书馆

YANTAI SUOCHENGLI NEIGHBORHOOD LIBRARY

摄　　影	苏圣亮、直向建筑
资料提供	直向建筑

地　　点	山东烟台市芝罘区时彦街12号
设计事务所	直向建筑
主持建筑师	董功
项目建筑师	张菡
驻场建筑师	赵丹
项目团队	陈周杰、赵丹、Jacopo Ruggeri、李思敏、谭业千
业　　主	烟台创源文化传媒有限公司
建造管理	周飏
结构、设备	马智刚、赵晓雷、韩工
建筑面积	150m^2
设计时间	2016年12月~2017年1月
建设时间	2017年3月~2017年7月

1 主庭院
2 鸟瞰

所城里社区图书馆作为烟台广仁艺术区内芝罘学馆的先行派出机构，选址于烟台城市起源地——所城里老街区西北角一处四合院内。改造前，院内留存的3间厢房在历史悠久的张家祠堂后院，历经时间与住户更迭，表面杂乱，空间内却蕴藏着复杂的元素与信息。在我们看来，来自不同年代的加建结构是十分宝贵的“时间痕迹”。当改造介入时，如何处理新与旧的关系，让院子满足当代生活方式的需求，成为我们设计关注的重点。

首先，我们对原有院落中的墙面、门窗、屋架、铺地等构造系统进行了梳理与修复。在此基础上，设计选择将一套回廊系统植入历史院落，而非将旧有建筑完全封存起来。回廊系统重塑了进入院落空间的秩序与层次，使院落的空间划分从“一”到“多”，确立了基本的空间使用格局：一个可供灵活使用的户外场地以及4处绿化院落。回廊系统在入口处伸入胡同巷道，具有一定昭示性，它同时串联起了社区图书馆包括入口、阅览室、咖啡厅、展厅和卫生间在内的各个功能空间，也为户外活动延展提供更多的场地。在特殊天气情况下，廊道亦可充当避雨的场所。

耐候钢作为材料介入到旧有院落，本身既是结构，同时也可形成空间界面。其较为暗沉的颜色与老的砖、石、瓦以及植物相互映衬。回廊系统的钢结构主要由弯折的钢板与门型钢柱构成。在构造的整合性思考中，我们尝试将建筑中的工程问题转化为空间体验建立的一种切入途径：弯折的动作本身使钢板变成结构，从而省去了一般意义上的主、次梁系统；在兼具组织排水功能的同时，也让整个结构系统产生一种轻盈、漂浮感。在结构上，钢可以做得非常轻薄：8mm厚的钢板和直径40mm的实心钢柱成为材料的细薄边界与支撑立柱，也反映出新的植入空间与原建筑之间的历史重量对应关系。

我们相信建筑应该以智慧的方式重新激活空间的历史信息，与社区原有的肌理发生关系。建成后的所城里图书馆，在留存社区原本的生活方式与节奏的同时，也实践着当代的文化与审美意图。在新旧共生的建筑空间内，我们希望拥有更多源于社区内核的能量和被激发的活力，并将辐射更大的范围，以实现知识生产、传播与空间共享。END

| 1 2 | 4 |
| 3 | 5 |

1.5 小庭院
2 建筑间的回廊
3 平面图
4 庭院

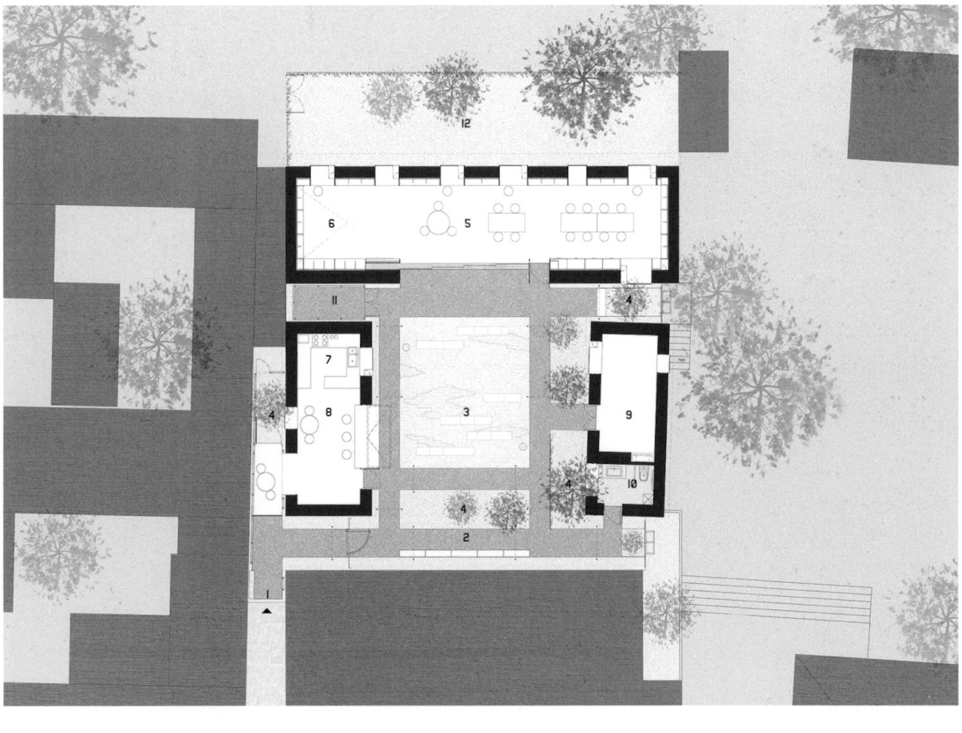

1 主入口
2 回廊
3 中心庭院
4 绿化庭院
5 阅览室
6 儿童绘本区
7 厨房
8 咖啡厅
9 展廊空间
10 卫生间
11 仓库
12 后院

N
0 1 2 5m

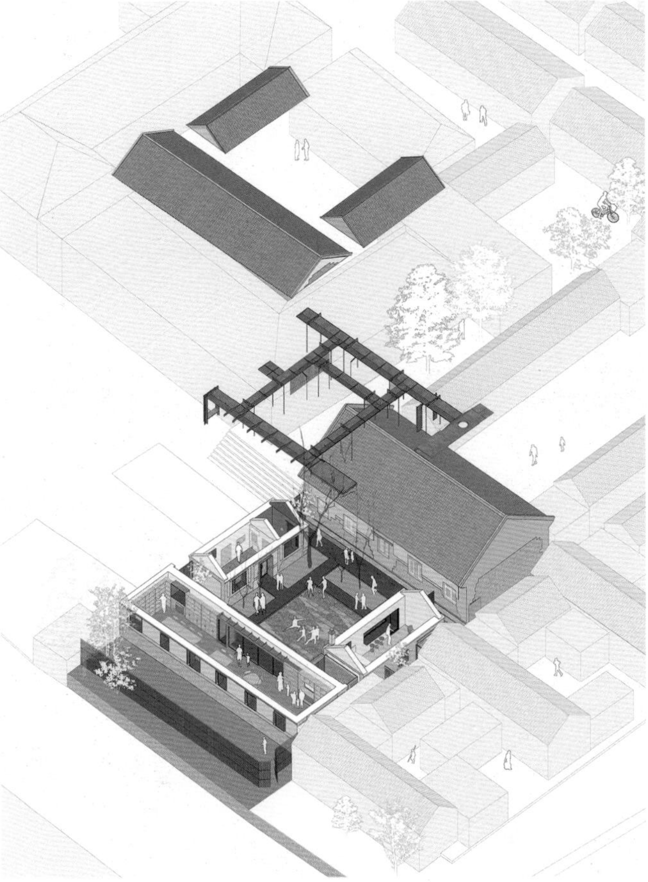

1	3
2	4

1.2 室内空间

3 轴测分析

4 从庭院看室内

法国蒂永维尔媒体图书馆
MEDIA LIBRARY IN THIONVILLE FRANCE

撰　文　郑紫嫣
摄　影　Eugeni Pons, David Romero-Uzeda
资料提供　Dominique Coulon & associés

地　点	1 place Malraux,Thionville
建筑设计	Dominique Coulon & associés
建筑师	Dominique Coulon, Steve Letho Duclos
助理建筑师	Gautier Duthoit
现场监理	Steve Letho Duclos
结　构	Batiserf Ingénierie
电　气	BET G.Jost
机械管道	Solares Bauen
造　价	E3 économie
声　学	Euro sound project
景　观	Bruno Kubler
面　积	4590m²
设计时间	2011年3月~2012年1月
建造时间	2012年5月~2016年9月

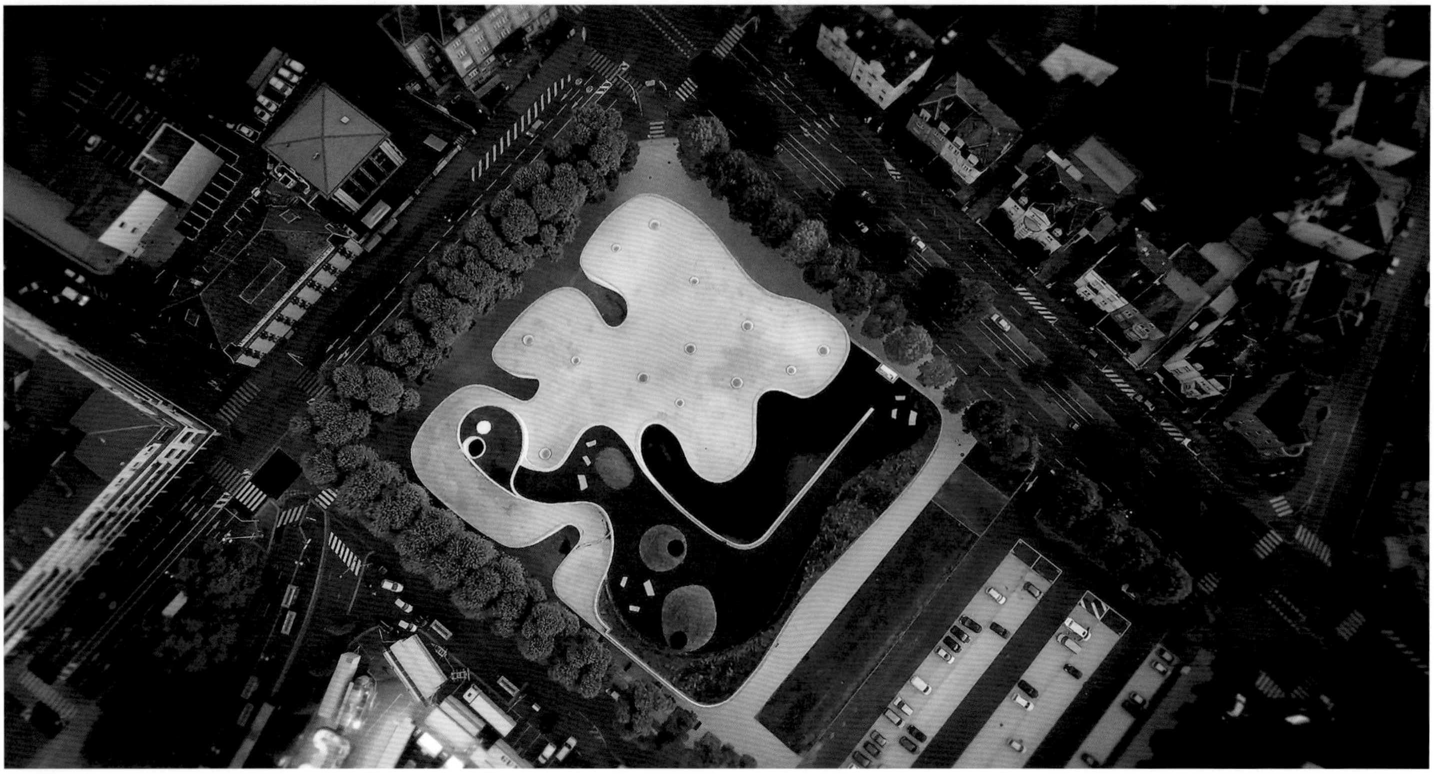

1 鸟瞰

2 一层平面带周边环境

3 屋顶花园

4 自由开放的室内阅读空间

作为现代图书馆的全新典范，法国蒂永维尔媒体图书馆的建成对传统图书馆的功能提出了质疑与挑战。它被定义为城市的“第三空间”—— 一处兼具创造性和接纳性的场所。来到这里，人们可以根据自身的想法和需要，体验丰富多样的活动，扮演多重角色。为了赋予这座崭新的建筑以独特的意义，设计师思考了不同功能属性的产生模式。除基本功能外，建筑包含了陈列区、创造区、音乐工作室和一处咖啡餐厅。空间基于不同系统进行了非层次的叠加，各种活动在空间中相互混合，创造出动态灵活的模式。

建筑平面形态受限于矩形基地，不同朝向具有同等的重要性。建筑周围环绕着法国梧桐树，形成了一道将其与街道区分开的过滤屏障，而建筑本身似乎也与这道具有生命力的植物“柱廊”进行着互动。

建筑外立面为实体墙面，表达出动态的连续感，形态如同飘动的丝带，围合着室内多样的功能，而敞开的窗口则展示着内部空间的精彩。外围结构如同保护膜，既围合空间又维持着与外界的恒定关系。

在毗邻街道的位置，“丝带”下降，以保护室内的私密性，而远离街道的位置，“丝带”再次上升。在窗口处，建筑室内与城市空间的关系变得模糊，无论是心理还是视觉上都更为亲近。立面的虚实变化使室内外关系变得暧昧，二者之间不再具有清晰的轮廓。

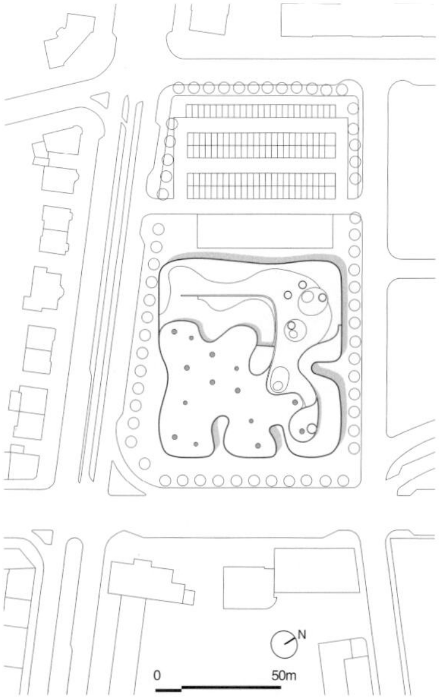

1 综合区 – 公共空间
2 综合区 – 多媒体区
3 综合区 – 文献区
4 综合区 – 青少年活动
5 综合区 – 小朋友活动区
6 综合区 – 文件区
7 多功能区
8 影音游戏区
9 讲故事区
10 永久陈列区
11 临时陈列区
12 “细胞”空间
13 大展览厅
14 多功能厅
15 创作与广播室
16 塑料艺术工作室
17 行政区
18 天井 / 斜坡花园通向露台屋顶

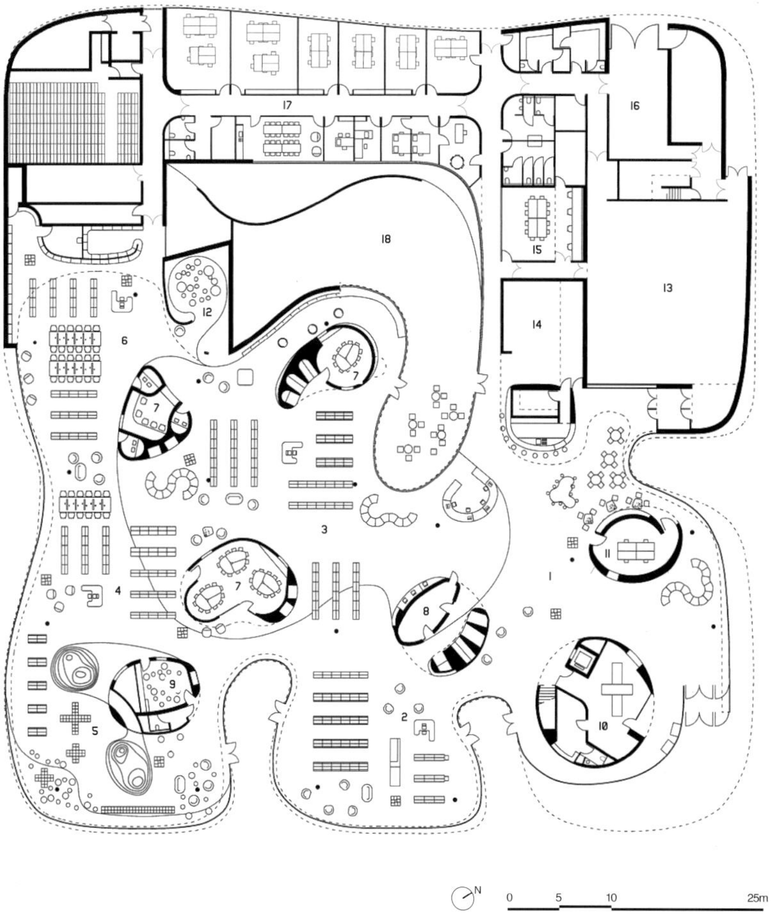

1 多种形式的阅读体验

2 一层平面

光线沿着“丝带”延展，逐渐延伸至建筑的中心地带。花园坡道提供了通向室外的另一条路线，人们可以沿着它走到长廊的高潮处——夏季酒吧。花园坡道扩展了室内空间，向着越来越接的地平线展开。小镇的景象在眼前消失，目之所及只有郁郁葱葱的法国梧桐树群和敞开的天空。在这处更为开阔和自由的地带，人们可以打个小盹、来一场野餐、享受一次户外阅读，或者进行一次愉快的聚会。

这座建筑物以独立且不规则为原则，简单的系统通过各自的逻辑相互堆叠，创造出空间的张力。这种光学感知空间无疑打破了传统欧几里德空间的直线式偏好。结构上，建筑的柱子并没有按照常规的流线进行组织，它们似乎是随机分布的，但仍保证了建筑的稳定性需求。这种不规则性打破了传统正交结构布置的无形限制，让不规则的造型成为可能。

泡泡状的空间蕴藏着五花八门的精彩功能，如讲故事区、语言实验室、电子游戏区、塑料艺术室等。区域的形态和高度取决于使用需求，它们被定义为“茧”，彼此相互区分，并与公共空间形成对比。在材料上，或粗糙、或光滑的软木表面与塑料艺术室纯净的白色形成互动，充满趣味。“泡泡”们如同空间的庇护所，也是建筑内核最亲密的部位。这些小区域的分布并不遵循笛卡儿式逻辑，彼此之间的距离都是由功能本身的影响范围和尺度所决定。

建筑主空间的地面与顶棚亦由不连续的自由表面构成，以彼此独立的线条存在，其色彩和材质表现出光影的变化，与“泡泡”的材质属性形成对照。绿色和白色延伸了花园的维度，贯穿了建筑核心并与外侧法国梧桐树冠形成连接。

丝带般的立面强化了空间的无限性，流动空间形成了多样的路径和多重的视点，长廊中的行走也是多重画面在眼前不断展开的美妙体验。在这样妙不可言的空间中，重力的概念似乎消失了，屋顶和墙面仿佛在眼前不断浮动。

在建筑内部，人们的活动姿势是自由的——可以蜷缩、伸展或者坐在高处摇摆身体。设计并不受限于传统的人体工学，取而代之以更多充满趣味的体验方式。

在这座充满动感的图书馆中，不同层次与功能被建立，但仍旧保持各自的独立性。一切均以舒适为标准，不同的逻辑、结构、各区域相互促进与补充。这种复杂性创造出一种氛围——它能够传达并重新审视人们身体与流动性之间的关系。在这里，空间并没有明确的解读方式，却能带给人们意想不到的惊喜，它是一处自由之境。END

1 2 3	5
4	

1.2 多种形式的阅读体验

3 室内外空间通过落地玻璃相互渗透

4.5 内庭院

MUSIQUE

ALBUMS BÉBÉ
DE LA LUNE

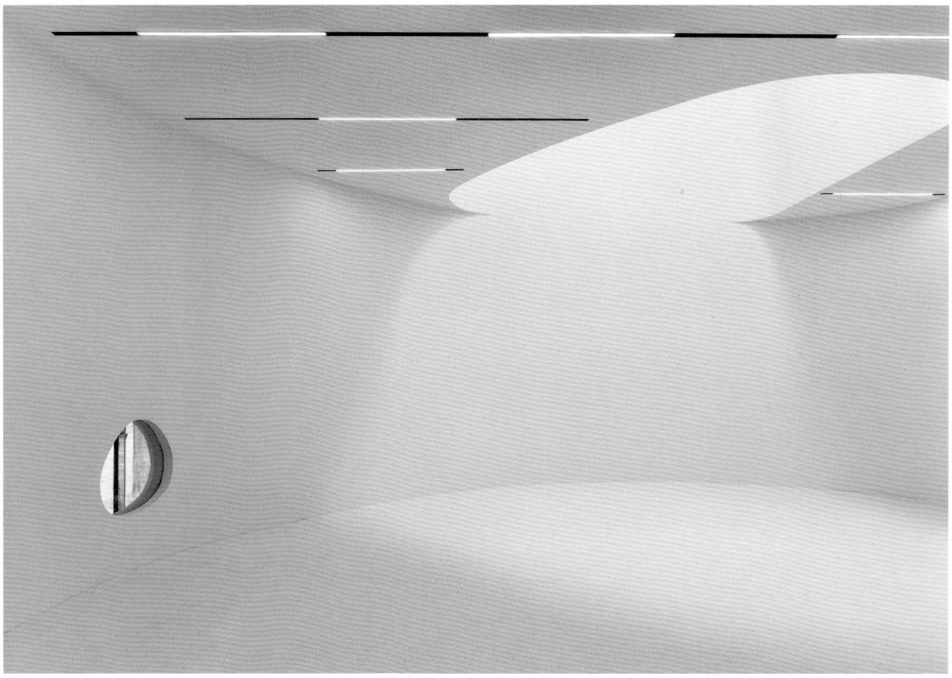

1	3 4
2	5

1-3 开敞而自由的公共阅读空间

4 空间曲线细节

5 室内不同区域明艳的色彩变化充满趣味

上海古北壹号邻里中心

UNDERGROUND FOREST IN ONEPARK GUBEI

摄　　影 | CreatAR Images
资料提供 | Wutopia Lab

地　　点 | 上海闵行区
设计公司 | Wutopia Lab
主持建筑师 | 俞挺
项目建筑师 | 张朔炯
设计咨询 | 一栋
灯光设计 | 格瑞照明
特殊灯具 | 堂堂的白云（设计：俞挺、张朔炯）
面　　积 | 1000m²
项目时间 | 2016年~2017年

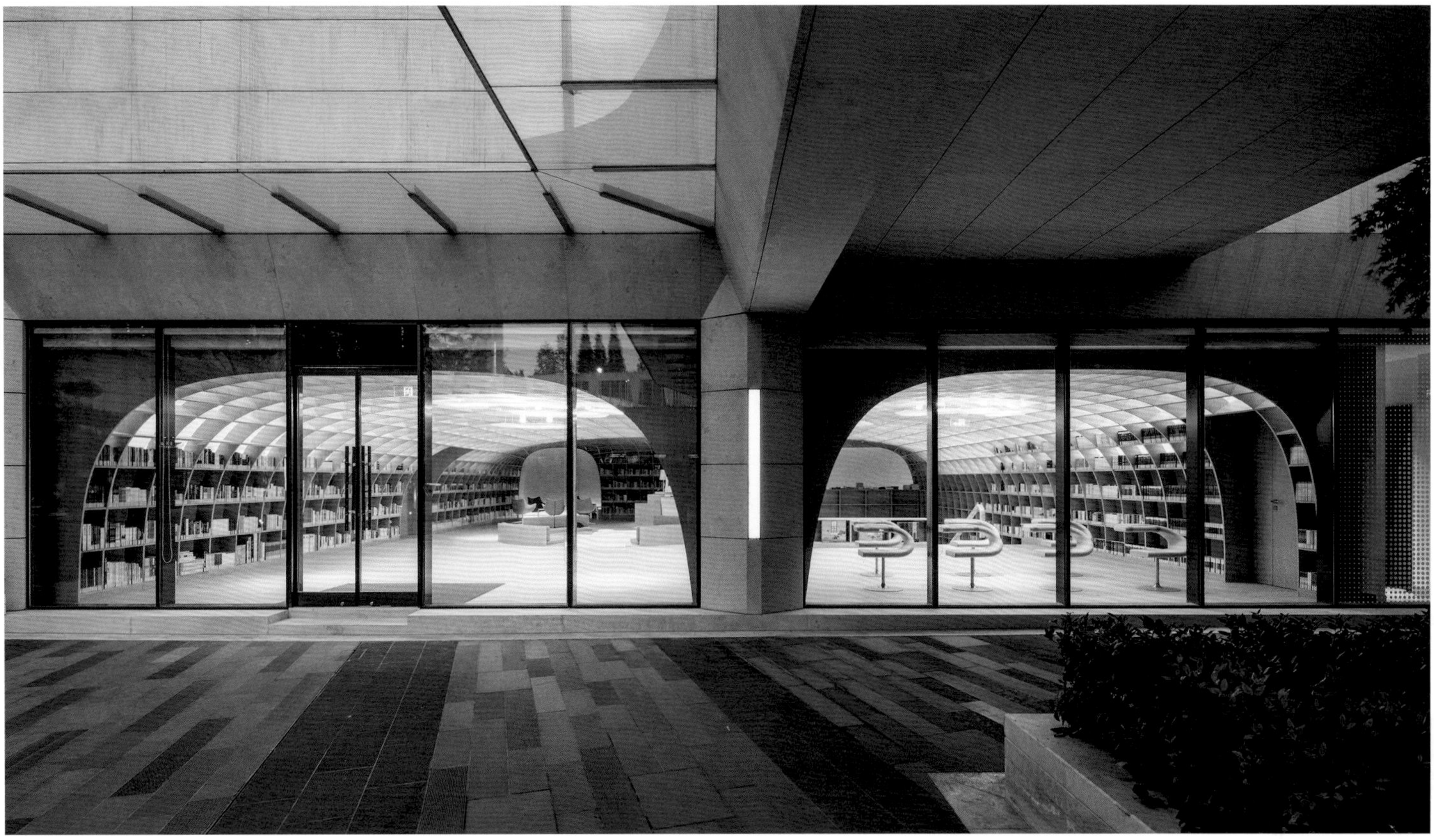

1 室内大台阶

2 底层大面落地玻璃面向下沉广场开敞

3 室内空间与家具相得益彰

大都市里每个人都是孤岛吗?

本项目是古北壹号社区泛会所的最后一部分，泛会所已经将健身、瑜伽、SPA、泳池、咖啡简餐、儿童游乐等其他空间建设完成。但和所有高级小区一样，泛会所并没有能够极大地发生让社区居民交流的化学作用，豪华的背后总是独立家庭互不相干的孤寂。开发商最后决定建设这个邻里中心，目的是希望居民能够在这里互相认识。但什么样的场所能够吸引居民？是会议、阅览室、儿童图书馆、画廊、视听室，或者索性综合兼有之？这种对未来的期许以及执行中的不确定，反而让建筑师有更大的空间去探索更社会化的命题：在商品房小区仅对内部开放的客观条件下，如何用建筑作为工具，去激活社区中心，以促进邻里的交流。

所有过去皆为序曲

这个位于上海西郊古北路的高端居住区，是一个物质丰饶的场所。精心的开发和维护，使建筑、空间和居住品质都有极良好的保证。小区的公共区域和整体环境有着高端物业空间的传统，表现出令人感喟的优雅和精英的仪式感。我们以此作为设计的上句，与之鲜明对比地营造了一个柔软、放松的阅读空间作为下句。在大理石的泛会所里植入了一片知识的森林，希望居民们被温和地包裹并沉浸在这个温暖人心的软性环境，使居住者在此能卸下外界物质忙碌的包袱，回归家庭邻里亲近往来的轻松气氛，愿意主动地与同在一个社区但总是彼此错开的邻居结识，由此激活邻里社交的潜力。

由于物质条件的丰裕，思想才更需要

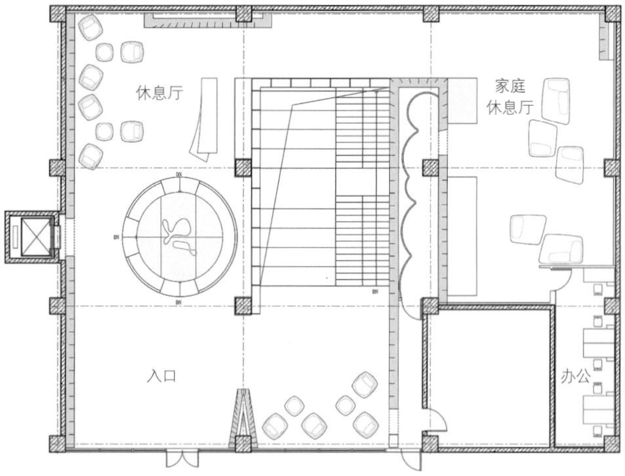

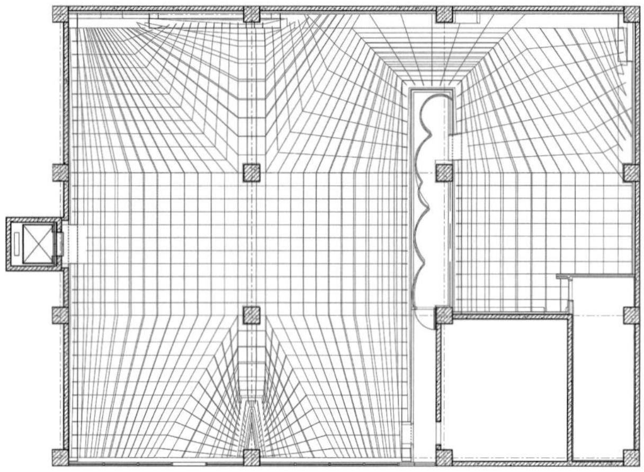

1 一层平面

2 顶棚平面

3、4 室内空间

凸显其温暖人心的价值。我们被委托重新设计这个已经完成施工图、并已开始施工的项目。在具体落实上，以最合理和最经济的方式介入设计修改，在不改变原有结构、分区、规范等设计基础的情况下，对整个空间氛围完成了脱胎换骨的改变。在入口层（上层），曲线的仿木铝板柔和地升起、降落，云片状的吊灯蜿蜒地穿越其中，仿佛庭院绿意被最大程度引入室内后，提炼形成森林一般自由自在的空间感。社区居民可以在这里卸下面具，放松地交往，这似乎可以看见有如节日的欢快和愉悦。

作为主角的大台阶使上下两层成为一体，不仅是人流，光线也可随着大台阶从室外犹如瀑布般倾泻而下地进入下层。不同于上层，它是更沉静的对偶空间，在这里，交往的需求被降低，我们希望来访者更专注地阅读及欣赏艺术画作。大面积的黑色削弱了活跃度，并在两翼进一步用黑色和灯光营造更加私人化、冥想化的空间，包括洗手间，造就了整个社区里最有神秘意境的洗手间。

人文和技术，“鱼与熊掌”可以兼得

为了实现这样一个柔软自由的场所，我们使用了大量数字化理念和技术，每一片曲线、企口都不尽相同的板材均通过编程设计优化，由数控机床直接加工生产，并现场安装。尽管在环境塑造上，我们营造了非常人文的场所意境，但在设计和建造的方法上，使用具有时代感的科学技术，这也是一种对偶。

村上春树说过：“每个人都有属于自己的一片森林，也许我们从来不曾去过，但它一直在那里。迷失的人迷失了，相逢的人会再相逢。”于是，我们特地创造了属于这个小区居民的森林。END

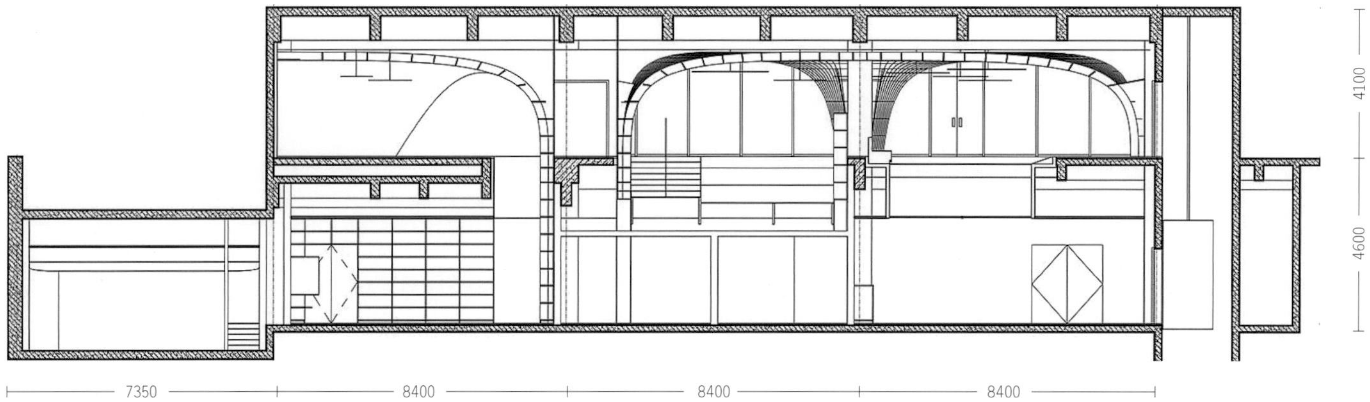
4100
4600
7350
8400
8400
8400

| 1 | 3 |
| 2 | 4 5 |

1.3–5 室内空间
2 剖面图

杭州师范大学仓前校区核心区综合体

CANGQIAN CAMPUS, HANGZHOU NORMAL UNIVERSITY

摄　影	锐景摄影、张辉
资料提供	维思平建筑设计

地　点	杭州余杭区
设计单位	维思平建筑设计
主设计师	吴钢、陈凌
设计团队	曲克明、隋鲁波、宋楠、覃黎、卢芳、周良才
联合设计	浙江大学建筑设计研究院有限公司
业　主	杭州师范大学
建筑面积	161426m²
场地面积	61648m²
设计时间	2010年~2013年
竣工时间	2017年

1 外观
2 鸟瞰

和中国几乎所有城市一样，杭州的蔓延式发展远远超出了步行的尺度。随着城市的不断扩张，建成区的版图向西跨越了西溪湿地，来到仓前老镇。大学的外迁是这段历史的重要部分之一，离市中心15km外的杭州师范大学仓前校区位于仓前镇，它和不远处的淘宝城一起，成为这个新片区发展的引擎。

抛开与杭州老城的关系暂时不议，观察这个新片区，其基本格局就是被超级宽的交通干道分割开的大且封闭的地块。快速车流和两旁精心密布的高低植被把这种隔离用最直观的方式表达出来。杭师大仓前校园是这种封闭地块的典型，和邻居一样，大家都是同一种城市规划理念的产物。

校园规划师则秉承着"开放的校园"理念规划了这160hm^2的校园，小尺度的书院结构给出了积极地吸引人步行的信号，可惜书院之间仍被更宽的路分割开，似乎是在担心由超大尺度到步行尺度需要某种过渡。和传统的学校模式一样，学生宿舍仍被集中在一起，内向、自我，只是周边没有围墙罢了。这种规划形态体现在数据上就是：毛容积率0.65，人均建筑面积35m^2，人均用地面积53m^2，一个典型的低密度建设区域。

我们的任务就是设计这样一个新校区的核心区——一个由全校共享功能组成的建筑综合体：行政主楼、校档案馆、中心图书馆、会议中心、接待中心、大剧院、师生活动中心、城市学研究院、成人再教育中心等。核心区被一条景观河道环绕，与学校其他部分完全隔开，一条城市主干道从场地正中间穿过，用地被分割成东西两半，这里的地位与其他书院都不同。感谢规划师在此安排了如此丰富的功能，也可以想象核心区之外的功能将因此而更加单一。

工作流程是很标准化的，甚至有点"快餐式"：体现学校发展和功能具体要求的任务书、国际设计竞赛、学校和市领导定方案、基建团队埋头组织实施。各部门管理者的意见被统一收集，而学生们则还在来新校区的路上。需求似乎朝向两个"极端"：一方面要抽象地体现百年老校的新标志形象，另一方面则是严控建造和运营成本并做到好用。

老镇湿地边、新城、封闭的开放校园、低密度校园里被集中起来的公共功能、实际使用者的代言人等，这些关键词是整个设计的背景，当然还有设计师固有的雄心。这种雄心很快化解为一种平静的策略，并一一分步骤展开。

首先是确立一个基本的网格：一个试

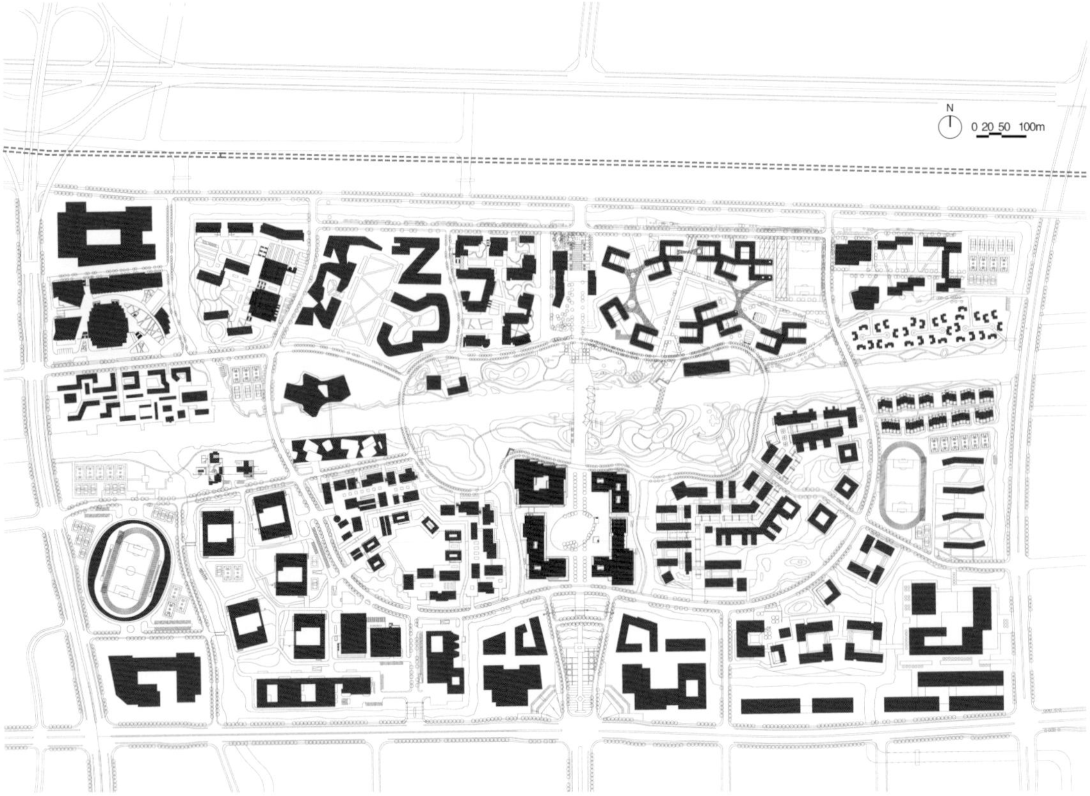

1 | 2
3 4

1 总平面

2 外观

3.4 立面细节

图连接城市和影响城市的网格，一个强适应性的网格，一个开放、包容的网格，一个鼓励多样性和再创造的网格，一个宜于沟通和便于大家共同工作的网格，一个大家共同遵守的游戏规则。正方形网格简单、易懂、可操作，成为首选。基于一个常用柱跨尺寸，从门窗尺寸到走廊、房间开间，方便掌握。但实际上结构柱并没有放在网格的交叉点上，而是错动半格落在网格中间或是其他地方。网格定义的是建筑墙体完成面的位置，这是空间的边界，是规则的重点。

有了写"文章"的格子纸，接下来是划分篇章段落：9大功能组合成6个独立完整的街区，延续了旁边书院的步行尺度，并完全向城市开放。街区在中间集体退让，形成超步行尺度的中心广场——这是文章的中心，2.2万 m^2 的广场，跨越了分割地块的城市主干道，回应的是160hm^2 校园3万名师生对共同尺度的需求。街区建筑则把24m高度以下几乎占满，连续的街墙和通透的界面是基本的要求。高出的3座塔只是段落中的小高潮，和连续街墙一起，围绕在空旷的中心广场四周，迎接着真正主角的登台。

有了网格，有了开放街区，演出就可以开始了。这是一个流动的舞台，这里混合了不同的功能，既有办公、会议、学习、研究，也有接待住宿和娱乐消费。6个街区之间完全互联，不仅可以从楼内连接各功能，人们更可以走到街上，往来于街区之间。

这里上演的是师生接力的滚动剧。同一规格的石材、吊顶、玻璃，极少的建筑元素种类意在回答建造和维护成本问题，更想用极简去衬托舞台上的表演。浅色石材和通透玻璃是最容易的两种背景材料。背景没有色彩，希望表演是五颜六色，甚至背景也应该可以跟随演出而改变。

错动的平台提供了多样的场景，为个性化作出了非限定性的提示。使用功能不仅在建筑室内，同时非常鼓励室外空间被利用，这是用简单的方法增加整个区域的密度。我们乐于看到增容这样的结果发生，而不是相反的人气活力不足。

虽然由于造价的原因，许多窗扇都变小了，但这并没影响日常使用，而且未来还有改造的余地，我们希望大家能更多接触到自然空气，而不只是远观窗外美景。一个快速扩张时代的定格，应该给多元的明天留出更有激情的创新空间。END

1 | 3
2 | 4
  | 5

1 外观

2 建筑空间相互渗透

3 模型

4.5 剖面图

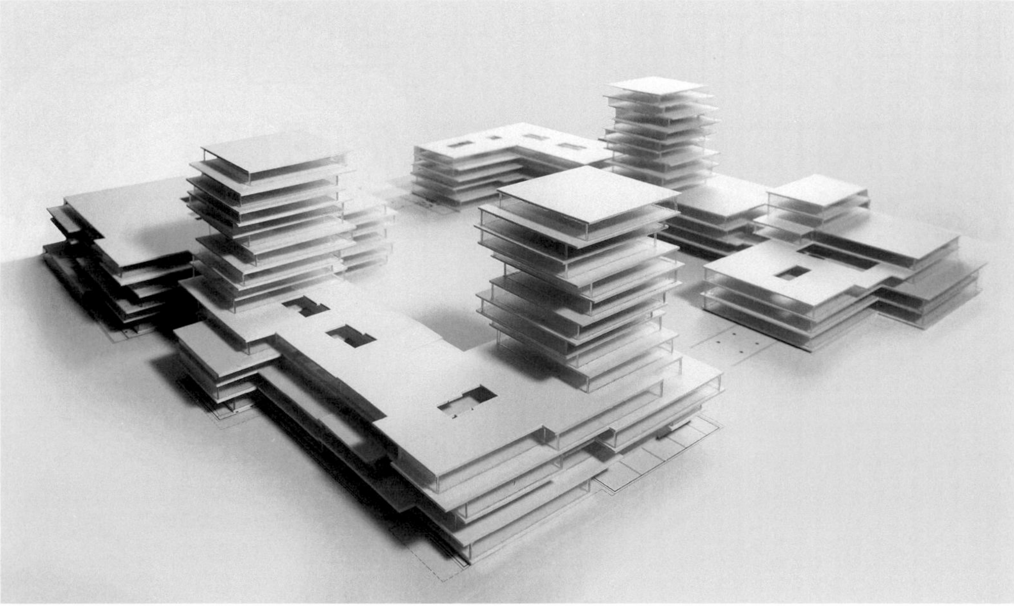

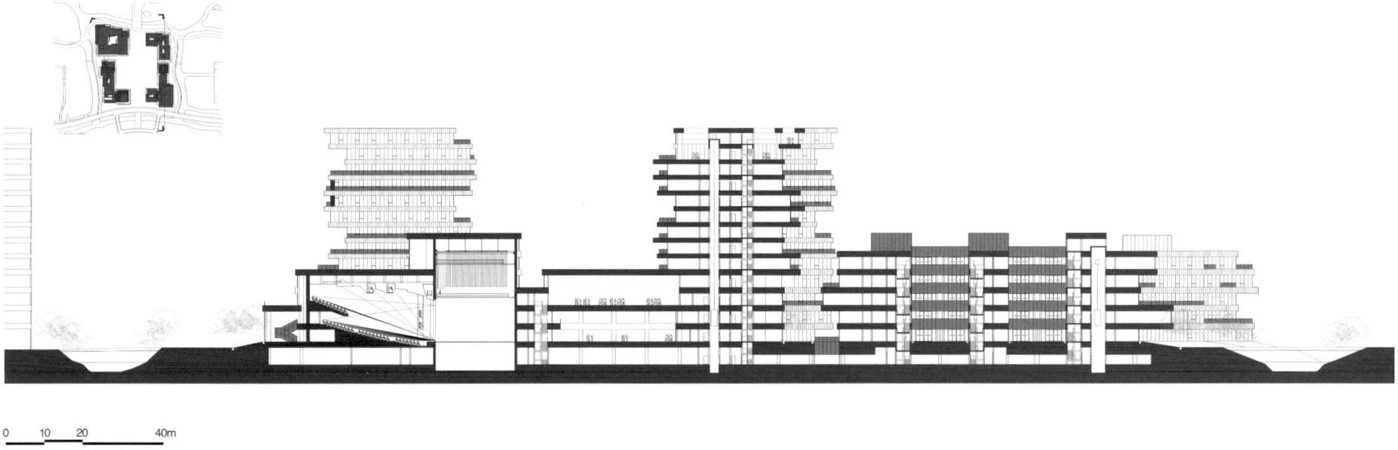

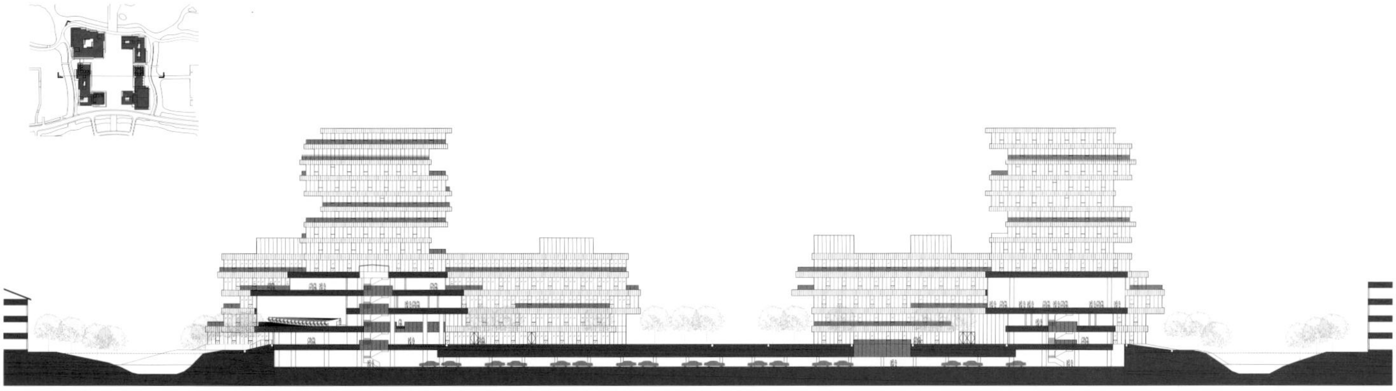

弗吉尼亚联邦大学当代艺术学院

INSTITUTE FOR CONTEMPORARY ART, VIRGINIA COMMONWEALTH UNIVERSITY

翻　译	Violet
摄　影	Iwan Baan
资料提供	斯蒂文・霍尔建筑师事务所（Steven Holl Architects）

地　点	美国弗吉尼亚州里士满
建筑事务所	斯蒂文・霍尔建筑师事务所（Steven Holl Architects）
主持建筑师	Steven Holl
高级合伙人	Chris McVoy
项目建筑师	Dominik Sigg, Dimitra Tsachrelia
合作建筑师	BCWH Architects
建筑面积	41000㎡
开幕时间	2018年
项目团队	Garrick Ambrose, Rychiee Espinosa, Scott Fredricks, Gary He, Martin Kropac, JongSeo Lee, Yasmin Vobis, Christina Yessios
结构工程师	Robert Silman Associates
机械工程师	Arup, OLDS
景观顾问	Michael Boucher Landscape Architecture
灯光顾问	L'Observatoire International
声音/视觉顾问	ConvergentTechnologies Design Group, Inc.
剧场技术顾问	Theatre Projects Consultants

1 外观夜景
2 鸟瞰
3 室内空间

弗吉尼亚联邦大学（VCU）当代艺术学院（ICA）位于里士满最为繁华的城市区位中，由斯蒂文·霍尔建筑师事务所负责建筑设计。ICA为里士满营造了一个引人注目的新的城市双向接口，一侧向城市艺术区敞开，另一侧则朝向VCU的梦露公园(Monroe Park)校区。ICA免费向所有人群开放，它将成为VCU和里士满一处崭新而重要的文化资源。ICA将为这座首府城市的大学研究提供新的维度，并有助于建立国家乃至国际层面的文化交流与对话。

ICA强调了空间与使用的开放性，主要功能包括动态展览与活动空间，并容纳不同的当代艺术形式。它拥有近41000平方英尺（约3800m^2）的灵活空间，其中，默克尔中心（Markel Center）被设计为充满动态的流动空间，以支持当代艺术种类丰富的实践，反馈出VCU多元、跨学科的研究模式，并满足当代艺术和来宾的不同使用需求。其中，一层包含面积达4000平方英尺（约371m^2）的美术馆，并包含咖啡厅、酒吧及零售概念店，设计师将其定义为“思考领域”。另外，一层也拥有一处240座的礼堂，可供电影、表演、讲座及其他活动使用。二层包括分叉画廊和交互式教育学习实验室，这处“实验室”将面向公众开放。二层的屋顶平台可展示艺术作品，并作为活动场地使用，它也是建筑四个绿化屋面之一。33英尺（约10m）高的画廊空间位于三层，可展出部分大型设施和实验项目。这一层也设置了行政套房和会议室。公共参观大厅位于建筑的底层，并设置部分服务功能，包含工作人员办公室、艺术储藏含准备设施、一个制作车间、一个绿色房间、餐饮厨房和储藏室。

建筑的玻璃幕墙和天窗创造了内外空间的连续性。为符合校园的总体可持续发展规划，ICA采用了最先进的技术和环境意识设计元素，充分利用丰富的的自然资源，并以满足LEED金牌认证标准为主旨。默克尔中心采用预风化的镀锌外表面，通透的玻璃幕墙和天窗为大楼引入自然光，减少对不可再生能源的依赖。建筑的4处绿化屋面可吸收雨水，抵消碳排放，并最大化地提供保温效能。建筑表皮采用订制中空玻璃幕墙，可以在夏季和冬季减少能耗。其他环保措施还包括使用地热井，为建筑提供供暖和制冷能源。植被均为本地物种，包括木燕麦、小须芒草、宾夕法尼亚莎草、秋麒麟等。END

Make it real.
VCU

小城故事创意空间

TOWN FOLKTALES CREATIVE SPACE

摄影/资料提供 | 未来以北工作室(FON Studio)

地　　点 | 贵州省黔南州独山县
项目业主 | 贵州小城故事商业旅游发展有限公司
设计单位 | 未来以北工作室
设计团队 | 金波安、李泓臻、罗霜华
项目面积 | 480m²
竣工时间 | 2017年6月

1 | 3
2

1.3 综合服务区

2 综合服务区平面

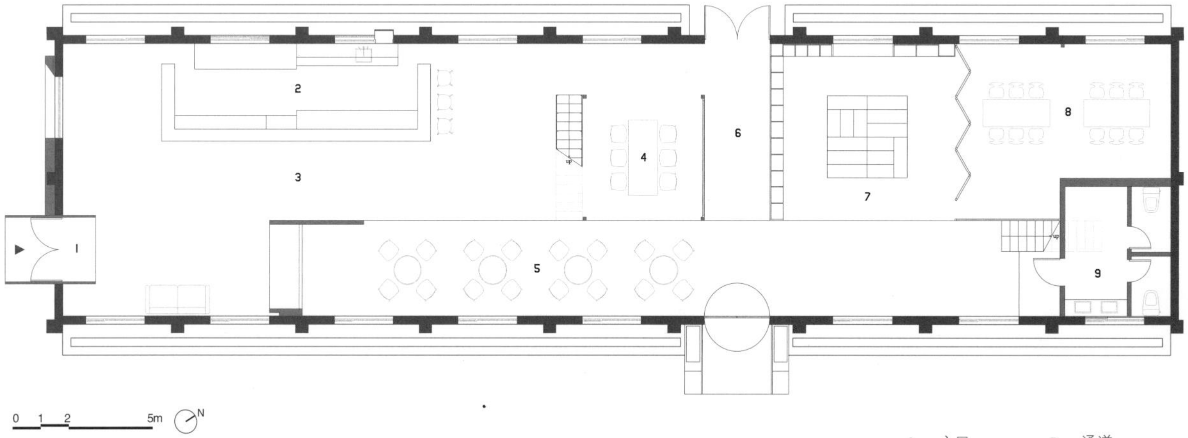

1 入口
2 吧台
3 大堂
4 休息区
5 用餐区
6 通道
7 书店
8 多功能区
9 卫生间

“重返小城”的浪潮给许多年轻人带来新的创业机遇，此项目正是在贵州黔南州一隅发生的故事。

几位志趣相投的创业者在被三个世界级景区围绕的独山县城发现了建于1950年代的活字印刷厂，通过和当地管理者的沟通，他们决定将此处厂房保留在原有街区，同时邀请FON Studio，希望通过设计的介入，激活这个在高速拆迁中保留下的“老建筑”，改造为餐饮、阅读、公共活动等丰富的空间业态，为本地居民以及远行至此的朋友提供优质服务。

改造前的原有厂区中，大小建筑共有6座，计划分期改造。首期开工的A库与B库位于核心区域，作为接待、餐饮、阅读及绘本空间。住宿、产品研发等项目将在后期进行。

A库：综合服务空间

人们进入厂区的第一个视觉焦点——A库的主门呈现为延伸的矩形洞口，引导游客进入其中。主空间在设计伊始，就决定在保留原有砖木结构肌理的前提下，将空间及功能进行有序的交错组织，而对于各个业态之间的联系及分隔，试图营造一种开放的通透感，人们在空间内能享受良好的采光，观看室外静谧的草木，来此旅居的游客与这座老厂房的故事就此展开。

旧砖、木纹、水泥、黑钢在悠长的厂房内交相呼应，沿着白盒子一并融合在巨大的木结构屋顶下。

局部夹层延伸着首层的功能形态，同时也打开了纵向的空间秩序。书吧区域的木质台阶配合可移动展架，满足不同情境下的自由组合。

B库：大自然绘本馆

轻盈的圆弧及层叠的洞口穿插在B库厂房，构筑起一个放松阅读、图画的儿童活动空间，步入馆内，此起彼落的体块与大小拱门并置，俨然一座明亮的城堡。小朋友穿梭其间，流动的交通流线给使用体验增添诸多的趣味性。空间内部材质以木纹和纯白两种色彩配合使用，呈现亲和明亮的环境体验，与周遭街区纷乱的环境形成对比，让来此的人们悠然驻留。

排布在流动曲线两侧为半开放区域，围合与留白的开敞空间都提供了小朋友交流、玩乐的平台。珍贵的好奇心、天方夜谭的语言在这小小场所碰撞，埋下种子。绘本的世界不断输出想象力和万千印象，我们希望此空间改造让小朋友和大朋友都能融入其中，体验更多的可能。END

1	3
2	4

1.2 综合服务区

3 大自然绘本馆入口

4 大自然绘本馆室内

1	4
2 3	5

1-3.5 大自然绘本馆室内
4 大自然绘本馆平面

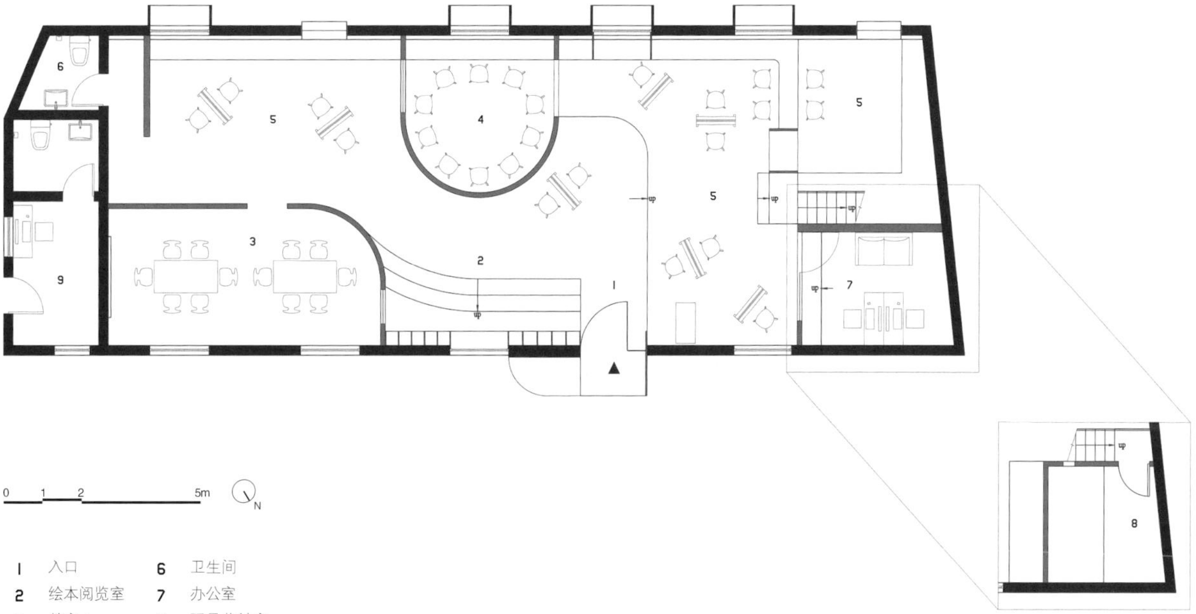

1 入口
2 绘本阅览室
3 教室 a
4 教室 b
5 绘画阅读区
6 卫生间
7 办公室
8 玩具收纳室
9 传达室

APF工作室
ATELIER PETER FONG

摄　　影	Dirk Weiblen
资料提供	Lukstudio芝作室

地　　点	广州天河区华康街42号
建筑/室内设计	Lukstudio芝作室
设计团队	陆颖芝、Alba Beroiz Blazquez、区智维、蔡金红、黄珊芸
平面设计	Evelyn Chiu
家　　具	Emeco, Hay, Muuto, Paustian, Peixin
灯　　具	Bentu, Flos, Tons
面　　积	250m²
设计时间	2015年7月~2015年11月
施工时间	2016年2月~2016年9月

1 入口夜景

2 通透的办公空间

3-5 改造前实景

在广州天河区的一个老住宅楼下，芝作室将空置的城市边角改头换面成为 APF 工作室——Atelier Peter Fong，包含一个工作室与咖啡馆。一系列的白色体块将原本凌乱的场地净化，创造出引人驻足的宁静空间。

在建筑外部，漂浮的轻盈铝板将白色体块归于其下，又像一条线划出新旧的交界。三个并列的白色盒子由内穿出，构成统一的外立面。而盒子间留出的"之间地带"如同城市街巷的延续，吸引着过路行人。每一个白色盒子都包含着不同的功能——咖啡厅、"头脑风暴"区、会议室和休闲区。盒子之间以暖灰色调处理，顶部呈现原有结构，与纯白的盒子形成对比。

根据对功能需求和周边环境的细致推敲，芝作室在体块里外"雕刻"出不同的开口与凹凸。大的开口将咖啡厅里外贯通，并将窗外绿景框出。在室内，局部挖空的顶棚与木饰面壁龛营造出亲近舒适的气氛。同样的手法也应用于办公空间入口，三角形门厅的底部留空而成一个静谧的禅意山水，它不但是内部办公的景观焦点，也在视觉上将室内外空间连接。

通过材质的运用进一步定义空间，平滑的白色墙壁与水磨石地板占据了主要的公共空间，如同画布捕获着光与影。半透明墙面在公共咖啡馆与工作场所间造成微妙联系。更私密的区域多选用自然原材，例如"头脑风暴"区的连续木材表面以及休息区中的砖石墙面。

通过咖啡文化与联合办公相结合的模式，APF 工作室将一个现代概念的社交模式融入到寻常邻里中。一个被遗忘的城市边角通过设计成为社交热点，这脱胎换骨的转变诠释了建筑的介入可以如何为城市注入新活力，激活社区再发展。END

1 2 | 4
3

1、2、4 咖啡馆

3 平面图

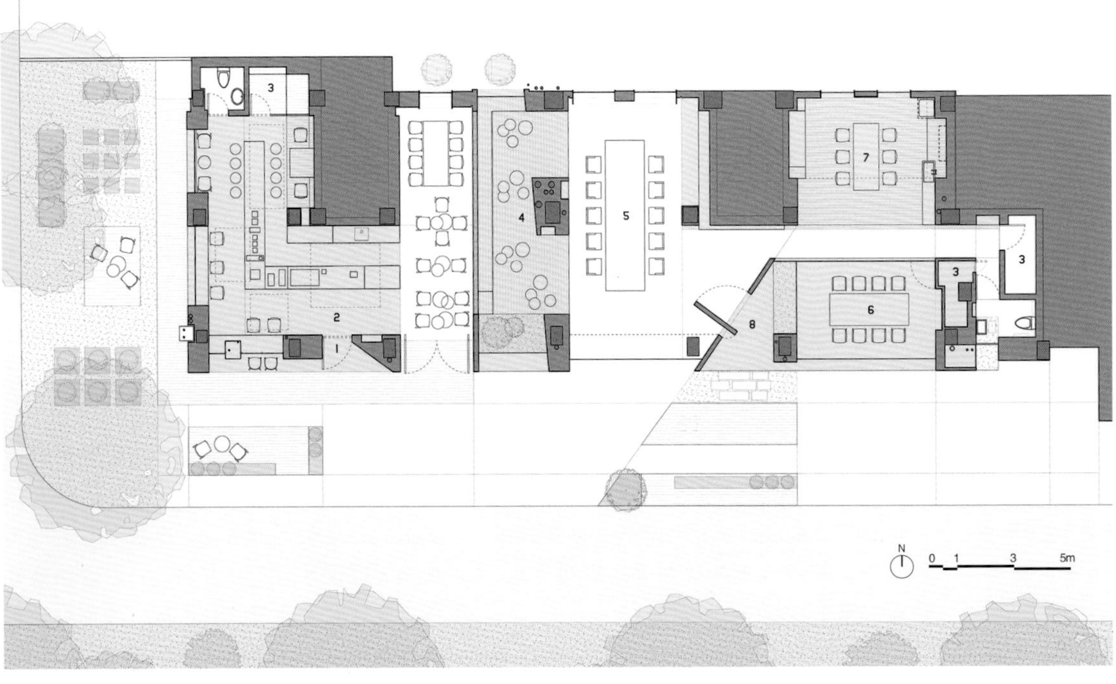

1 咖啡馆入口
2 咖啡馆
3 储藏
4 头脑风暴区
5 工作区
6 会议室
7 餐厅
8 办公区入口

| 1 | 2 / 3 4 |

1.2 办公空间

3 休息区 / 头脑风暴区

4 纯净、轻盈并充满细节的室内空间

NONG STUDIO 设计工作室

NONG STUDIO OFFICE

摄　　影	汪昶行
资料提供	NONG STUDIO

地　　点	上海市黄浦区南苏州路1247号2楼
设计公司	NONG STUDIO
主创设计师	汪昶行
设计团队	朱勤跃、Luca Lanotte、王坤阳
面　　积	180m^2
竣工时间	2017年6月

1 会议室

2 “粮仓”建筑内部

3 工作室入口

4 建筑外立面

老上海们在追根溯源时，往往先想到的是苏州河，苏州河畔的工业建筑见证了租界的兴亡起落和民族工业的诞生发展，南苏州路 1247 号曾经是杜月笙的私人粮仓，而后随着他创办“中国通商银行“，这里又成为银行仓库重地。2017 年 4 月，由旅美、意设计师汪昶行对其外立面及内部空间进行还原，对于历史的尊重让我们了解过去、对话经典，将历史与摩登融合，创造新的艺术生命力，让这位等待已久的“老人”粉黛妆成，优雅转身。

如果说建筑外部是对于历史的还原，而其位于粮仓二楼的 NONG STUDIO 工作室则将摩登诙谐演绎得淋漓尽致。在设计时，刻意将入口区域压暗，全黑的空间给来访者一种“距离感”，但随着电动移门的逐渐打开，便是豁然开朗的 4.5m 挑高的明亮开放办公空间，空间中保留并裸露的百年原结构木梁木柱和木地板是一场与历史的邂逅，我们小心翼翼地将其保护并加固处理，随着脚步的移动，来到最后的三角区域，夹层的设计让空间的使用率达到最高。从入口到内部，空间的节奏也呈现出“收 - 放 - 再收”的韵律感，在材质使用上，除了对于百年历史木结构的保护，也运用黄铜、玻璃、大理石、不锈钢等现代材质，让历史与摩登在这个空间中自由地对话。

创意不是一种工作，而是一种生活方式。对于设计，对于生活，我们追求有趣的体验。在复古的空间中加入一些超尺度

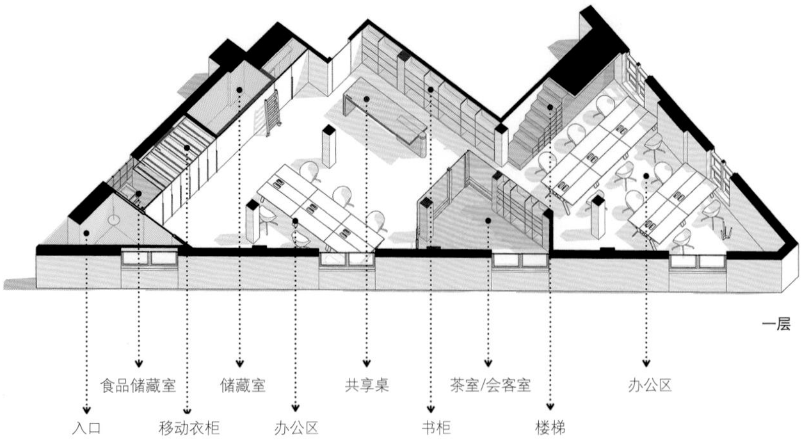

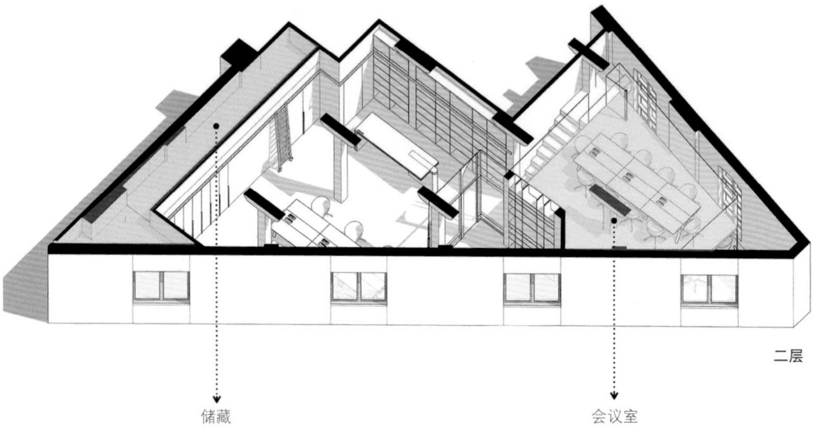

的元素，沉浸在自由的创作之中，设计无非是在玩弄，以如此轻松戏虐地方式优雅地呈现空间中“弄”设计。

回到体块功能的设计上，我们并没有以传统办公中的私密层级或者效率层级来组织空间，而是以互动的可能层级来安排空间，主创办公空间安排在进门区域，围绕的是辅助的材料空间、会客空间、金色书架和图纸讨论区，类似图书馆的空间逻辑，工作区位于中间，书架素材区围绕，使得主创工作空间成为一个信息处理枢纽，增加互动的可能性。其中，金色的书架是人们进入空间后无法避免的空间亮点，其设计理念来自于中国古语中“书中自有黄金屋”的概念，里面展示了国内外与设计艺术有关的各类书籍和创始人汪昶行在全世界 50 多个国家旅游带回的古董、玩具、设计品、乐高模型等收藏。可移动的金色书架将主创办公区挑高的二层空间有效串联起来，既方便取阅较高区域的书籍，又方便利用二层储物空间；另一面收藏架是会议室的白色不锈钢展示架，可以说是一部现代工业设计史，满墙的 VITRA 大师椅缩小版、限量的车模和大师签名艺术品。这两面通高展示架定义了会客空间、楼梯交通空间和主工作室办公空间。一实一虚，后者为玻璃展面，既分隔了会客室、一楼集合办公、二楼大会议室的空间；又创造了视线上的贯通与交流，虚实背后是对于空间模糊性的探讨。

当我们被所谓的“风格”和“材料”所迷惑的时候，对于设计本初的创作冲动似乎越来越单薄。在这样一个充斥着梦想和故事的黄金屋里，我们似乎察觉到已经禁锢住自己太久，太久不懂怎么去玩、如何去玩。当设计能够讲述一个人的生活和经历，这早已不是一个时髦的成品，而是在追求情感的本质。END

1 2 | 3 4

1.2 轴测分析
3.4 办公区

BAUHAUS
ANDO

1 | 2 3
  | 4

1 大面落地金色书架寓意“书中自有黄金屋”

2.3 充满“玩味”的室内装饰与细节

4 剖透视

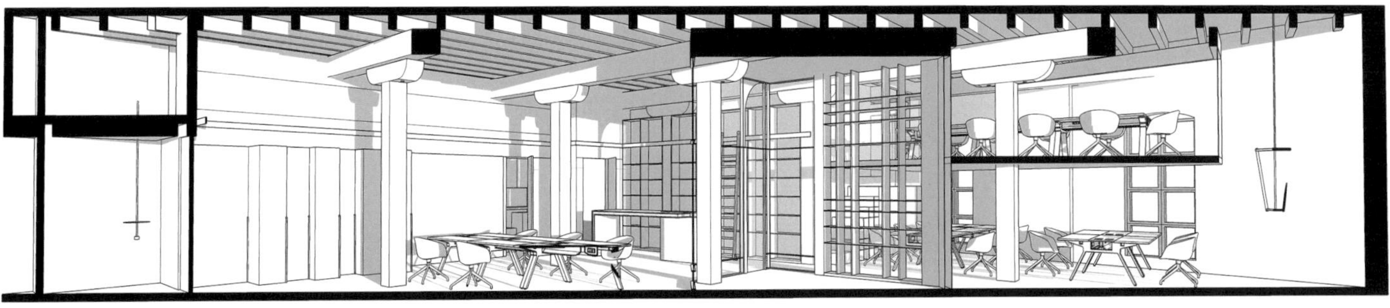

1 会议室

2 充满“玩味”的室内装饰与细节

3 办公区走道

上海棋院

SHANGHAI QIYUAN

摄　　影｜章勇（章鱼工作室）
资料提供｜同济大学建筑设计研究院（集团）有限公司

地　　点｜上海市南京西路
设计单位｜同济大学建筑设计研究院（集团）有限公司
主创建筑师｜曾群
设计团队｜曾群（建筑）、吴敏（建筑）、汪颖（建筑）、朱圣妤（结构）、刘毅（暖通）、姚思浩（给排水）、蔡玲妹（电气）
施工单位｜上海建工股份有限公司
业　　主｜上海棋院
占地面积｜6 002m^2
建筑面积｜12 424m^2
设计时间｜2012年9月~2012年12月
竣工时间｜2016年

1　主入口透视
2　东侧鸟瞰
3　总平面

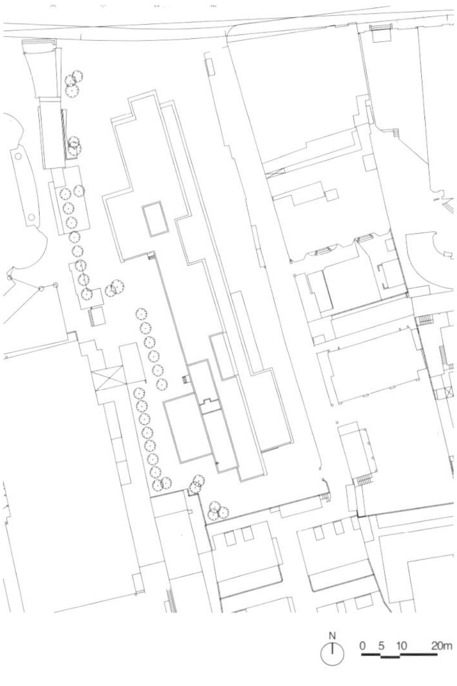

项目地处上海市繁华的南京西路，基地为南北向狭长地块，南北长约140m，东西最窄处约40m，为南北向狭长的“口袋”状地块。其沿街道处的空间是外向的，呈现对城市开放的状态，而越往里走，氛围愈加收紧，空间逐渐内敛。一幢体育文化建筑如何自然地介入喧嚣的都市商业氛围中，是此设计的重点。

为了最大效率地使用基地，建筑平面基本按场地轮廓布置。考虑到东侧住宅西向采光的日照要求，建筑体量呈现出西高东低的形态。建筑东侧进一步退界，以便满足其与东侧住宅的间距要求，同时作为基地内部车行道路空间。局部下凹形成室外庭院，交错布置室内外的虚实空间。

在面宽方向，设计中将室内和室外的虚实空间交错布局，以墙“围”院，以院“破”墙，从而在狭小的用地内争取外部空间。变幻的“棋盘”侧墙像是一个光筛，自然过渡了建筑内外，顺应着功能而有机变化。

在纵深方向，功能布局顺应了基地特质，从外往里，空间从动走向静，从开放走向内敛，对应的功能分别从开放的门厅，过渡到比赛大厅，再到内向的展厅。

设计对各类棋盘的棋路进行抽象处理，并根据室内不同空间采光强度要求，形成虚实渐变的建筑立面开洞。我们试图通过院与墙的结合，融合中国传统建筑的精髓，以现代的手法体现传统空间。建筑整体形态完整统一，庭院的运用使得建筑整体充满了中国韵味。它以安静祥和的姿态出现在充满商业意味的南京西路，与周边建筑形成强烈的对比和反差，从而突出了建筑的文化形象。END

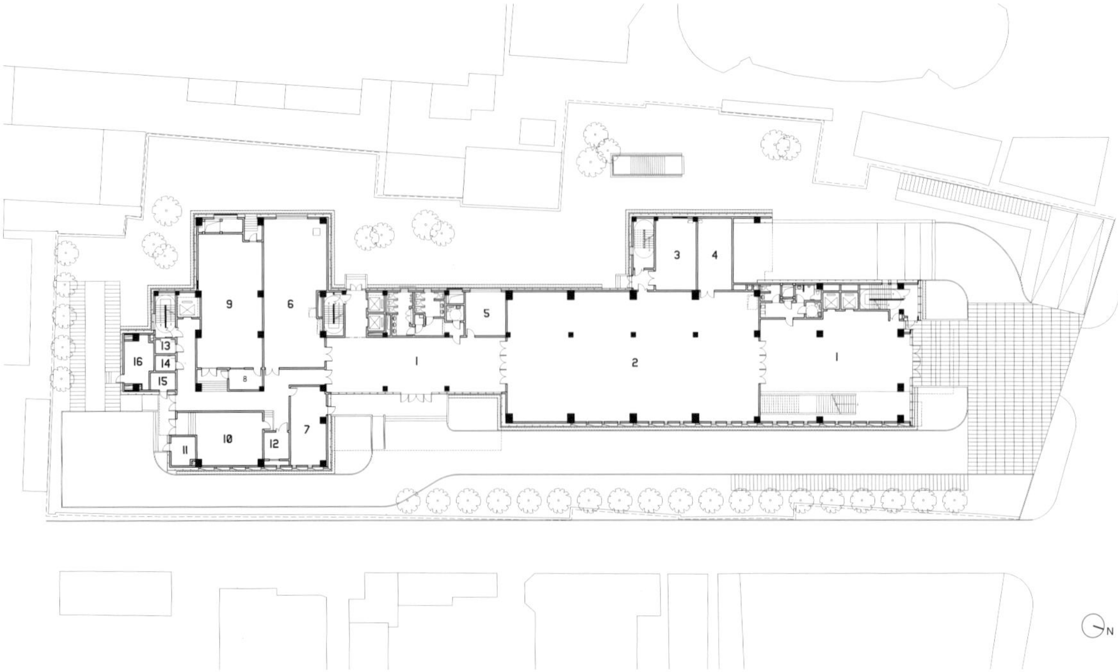

1 门厅
2 比赛大厅
3 空调机房
4 裁判休息室
5 贵宾休息室
6 棋牌历史演示厅
7 消防控制室
8 电力值班室
9 变电所
10 环网站
11 垃圾房
12 新风
13 弱电
14 强电
15 燃气表房
16 隔油间

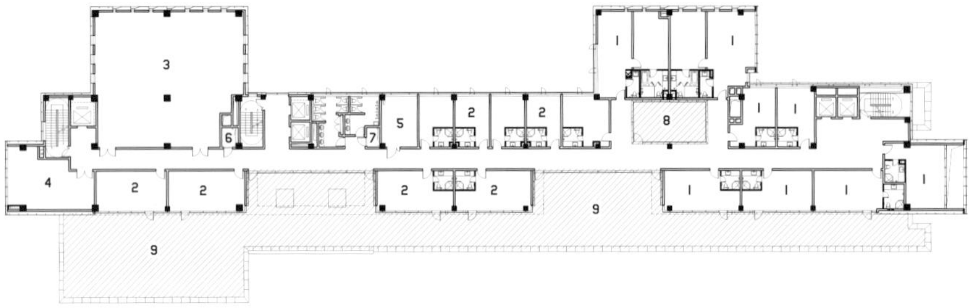

1 专业训练房
2 教学科研用房
3 体能训练房
4 休闲用房
5 新风机房
6 强电
7 弱电
8 庭院
9 屋顶花园

1 一层平面
2 四层平面
3 东侧立面
4 南侧立面
5 主入口

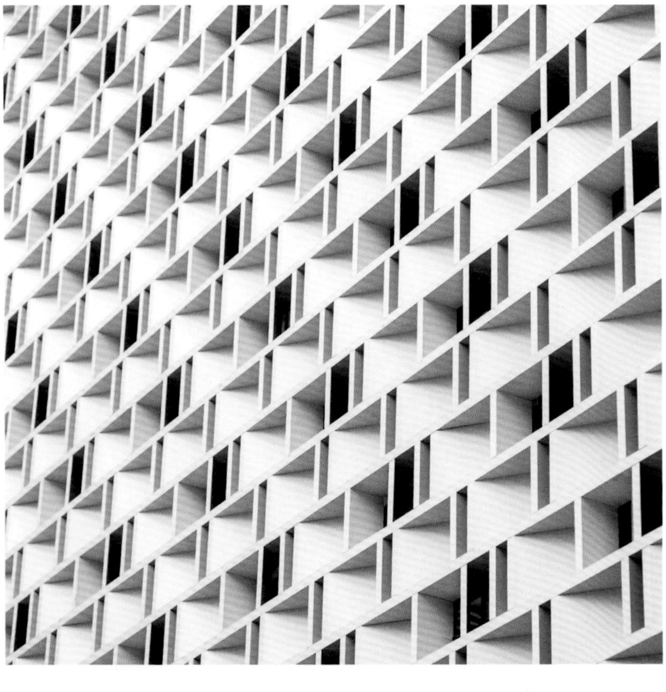

1	3
2	4

1 东南透视
2 北立面局部
3 东南侧鸟瞰
4 办公入口

宝龙创想实验室

BAOLONG IDEASLAB

摄　影	邵峰
资料提供	唯想国际

地　点	上海
设计公司	唯想国际
总设计	李想
辅助设计	范晨、闫夏霏、陈雪
开发商	宝龙集团
项目面积	1100m²

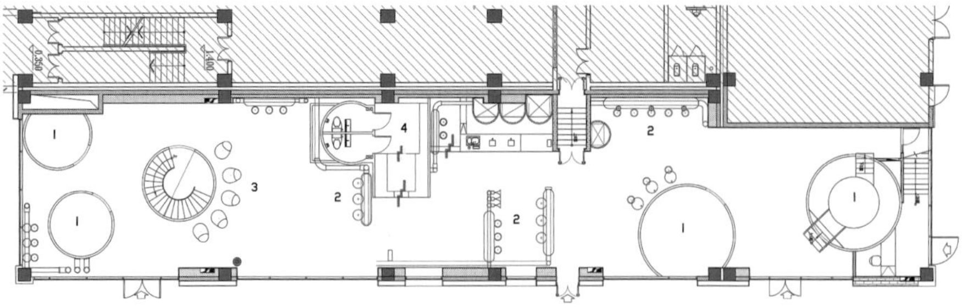

1 体验区
2 无人咖啡区
3 共享会议区
4 洗手间

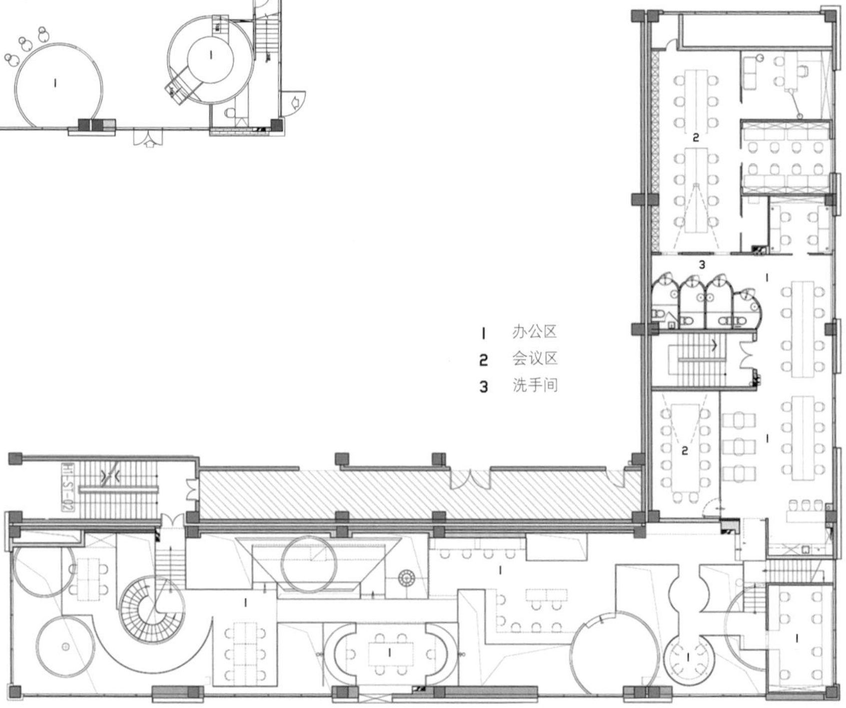

1 办公区
2 会议区
3 洗手间

1 2 3 | 4 5 6 7

1 一层平面
2 二层平面
3 外观
4-7 一楼共享商业与无人咖啡区、共享会议区

工业革命于1760年代从西方开始影响着整个世界的时代变迁，一种新的动力机器——蒸汽机的发明和应用将人类带入了蒸汽时代。那些带有油罐和钢铁管的工厂设施也变成了那个辉煌时代的一个重要的符号标志，这些符号背后更隐藏着资本主义世界体系开始的力量。

21世纪计算机出现和逐步普及后，看不见的信息时代推演并且改变着物理世界的人文与商业模式。宝龙创意实验室正是希望能在信息时代的背景下为这个社会创造更多学习的机会，并创造信息资源与传播的实验室，希望通过一个复合功能的空间来完成消费者与信息技术创作者对信息技术的共同研发，并探究这个时代背后隐藏着的商业价值力量。

信息时代是没有标志性符号的，信息时代是靠信息数量与效率作为第一感知的，所以在创作这样的一个实验室的空间设计上，设计师更希望能借由上一个时代的标志符号作为依托，并加以映射，因为两者的共同性即是同样具备颠覆性的科技与研发，并且同样都对商业的发展有着重要的启发作用。

在整个空间的造型上，设计师虽然借鉴了蒸汽时代背景下的工厂为原型，但是删减了复杂交错的配件，只保留了工厂里最基本的一些功能体，例如反应罐与能量传输管道，还有工程师步行平台这些具有实际意义的构图。这些主要的功能体也映射着宝龙实验室里相应的一些活动。

创想实验室

1.2 一楼共享商业与无人咖啡区、共享会议区

我们把原本是两层空间的楼板全部拆除，变成一个高达 8m~9m 的通高空间，在地面用极简的手法来还原，这些"反应罐"中会设置新零售的体验设备。消费者可以在不同的罐当中感知不同设备带来的新商业消费体验感。并在 4m~5m 高的空间中重新搭建楼板，交错穿插在我们还原的"反应罐"当中，作为二楼共享研发人员办公的工作与交通平台，这样，工作人员在空中的平台上工作，消费者在楼下感受空间里新科技与信息化带来的商业体验，通高空间的视线联动也使得他们可以互相感知到彼此的存在，让空间变得更加有趣。

整个空间借由工厂构图搭建的背景下，更利用"能量传送管"的构图来隐藏全部电线与空调的设备线路，使得空间暴露出来的工业化设计被精致地简化，原本应该存在空间的工程管线被完美地隐藏在后创作的"能量疏通管"当中。部分空间使管道联动到地面上，结合造型创造了一系列的休息桌椅，使空间层次丰富但是亦被精致地规划为不同视角的构图。

设计师希望通过这样的概念设计来诉说信息时代下的革命情怀，材料运用上偏向干净冷静的混凝土，以刻画空间业态背后的干练气质，并希望通过垂直动线与视线设计，为共享办公的研发人员和消费体验者提供一个在同一个艺术空间下共同创作的多功能复合型办公与商业。END

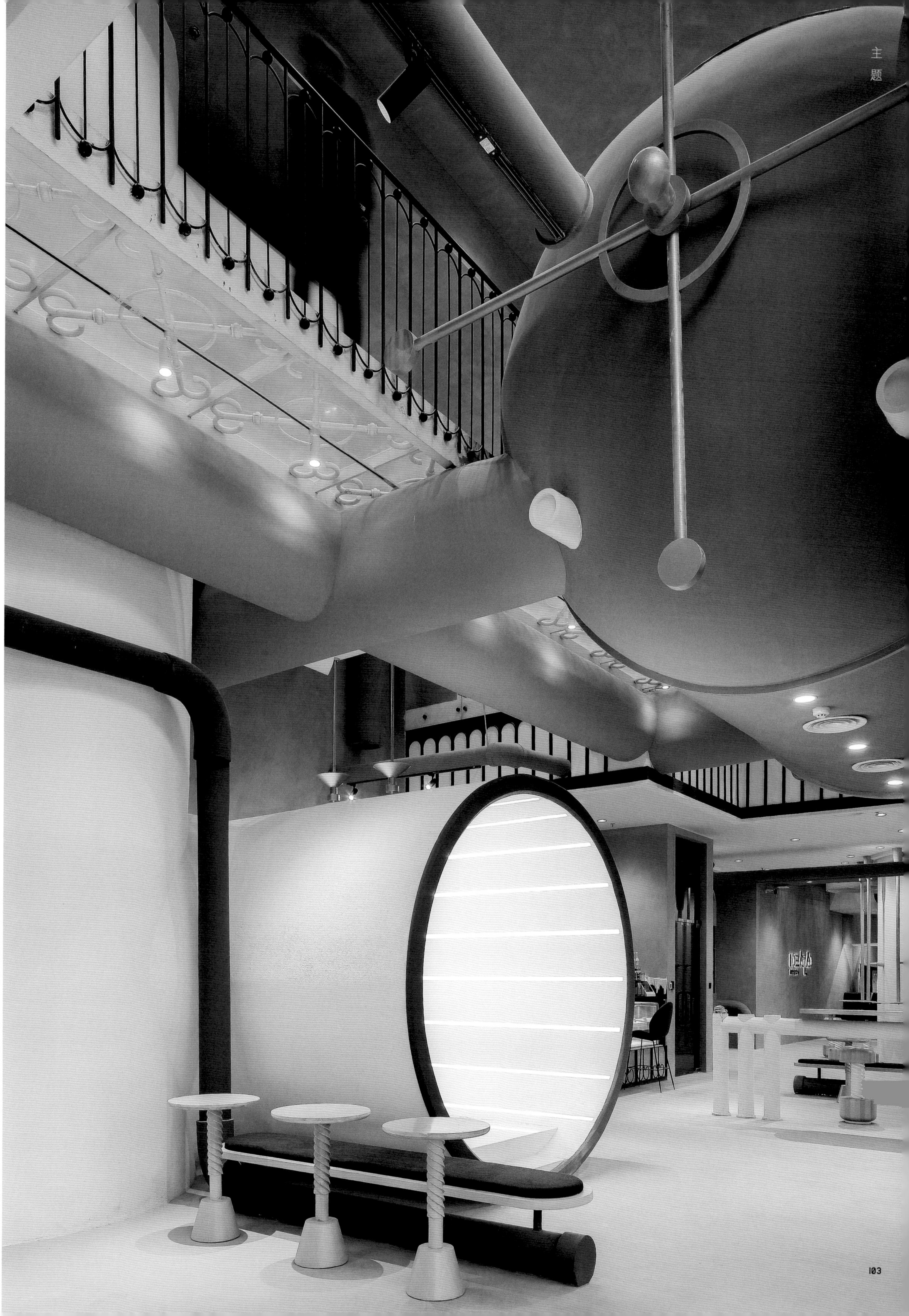

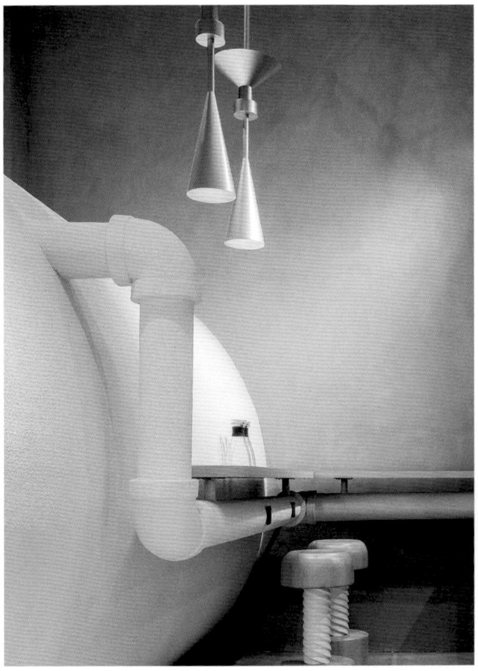

1	3 4 5
2	6

1 楼梯

2.3.5 顶视与俯视细节

4 洗手间

6 二层办公

青山周平合辑：人文性改造

因改造类节目在中国获得超高人气的日本建筑师青山周平，在北京鼓楼地区居住了超过十年。他对中国文化有着浓厚的兴趣，在老建筑改造项目中不断探索生活与场所精神的关系，作品具有显著的人文气息和匠艺精神。

近期他与团队在中国完成了三处改造实践，分别为苏州有熊文旅公寓、北京协作胡同胶囊酒店与北京国子监失物招领家具店。江南韵味的苏州古宅、合院文化的胡同建筑，不同的土壤，孕育出不同的空间文化。在设计师的微妙处理下，场所迎来第二次新生，构建出生活的乐趣与惬意。

苏州有熊文旅公寓

YOUXIONG RESIDENCE IN SUZHOU

摄　　影｜Eiichi Kano
资料提供｜B.L.U.E.建筑设计事务所

地　　点｜苏州
设计事务所｜B.L.U.E.建筑设计事务所
建 筑 师｜青山周平、藤井洋子、刘凌子、魏力曼、张士婷、杨光
业　　主｜苏南万科
建筑面积｜2500m^2
设计周期｜2017年1月~2017年5月
施工周期｜2017年5月~2017年9月

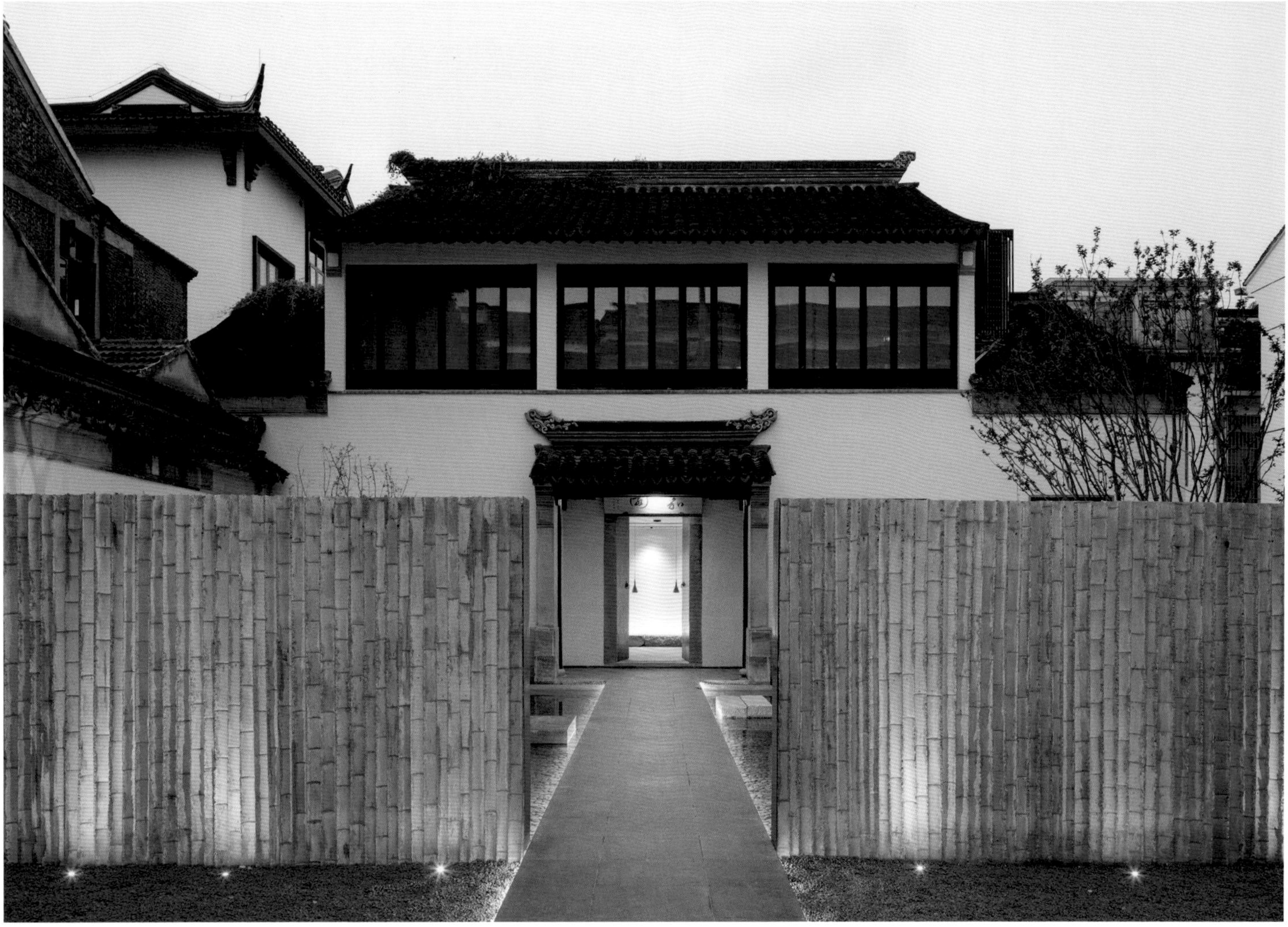

1 层层递进的庭院与建筑关系
2 主入口

有熊文旅公寓位于苏州老城区的一处古宅，宅院占地面积 2500m^2，始建于清代，前后共四进，其中 4 栋建筑是清代的木结构古建筑，另 4 栋为后来扩建的砖混结构建筑。设计内容包括古建筑和现代建筑改造、室内设计及庭院改造，将老宅院变身为现代文旅公寓。

设计基本沿用了原有的庭院布局。对于清代古建改造部分，保留了全部的木结构，并在内部增加了空调和供暖系统，以及卫生间、淋浴间等现代生活所必需的功能。外立面改造去除原有木结构表面的暗红色油漆，改为传统大漆工艺做的黑色，与原木色门窗结合，展现出老宅古朴素雅的气质。

室内材质的选择方面，采用黑胡桃木材、天然石材等自然材质，忠实于材料本身真实的质感，延续古朴的氛围。砖混建筑改造的部分，则去除了原先立面上的仿古符号，新做的黑色金属凸窗使用的是简洁而纯粹的现代语言。室内使用原木色家具，与古代建筑室内的深色黑胡桃形成对比，更具有轻松舒适的现代气息。新与旧有着各自清晰的逻辑，在对比和碰撞中和谐共存。

整个宅院在历史上是属于一户人家的私宅，虽然要改造成现代公寓，但设计理念是希望延续老宅原有的精神和空间体验感，而不是将宅院割裂成一个个孤立的客房。对于每个入住的客人，不仅有自己的私密空间，更能走出来，在整个园子里与其他人交流。整个园子除了 15 个房间作为客房，另外超过一半的空间都作为公共空间利用，例如公共的厨房、书房、酒吧、甚至是公共泡池。做饭、健身、休闲娱乐等功能不但可以在自己的房间里完成，也

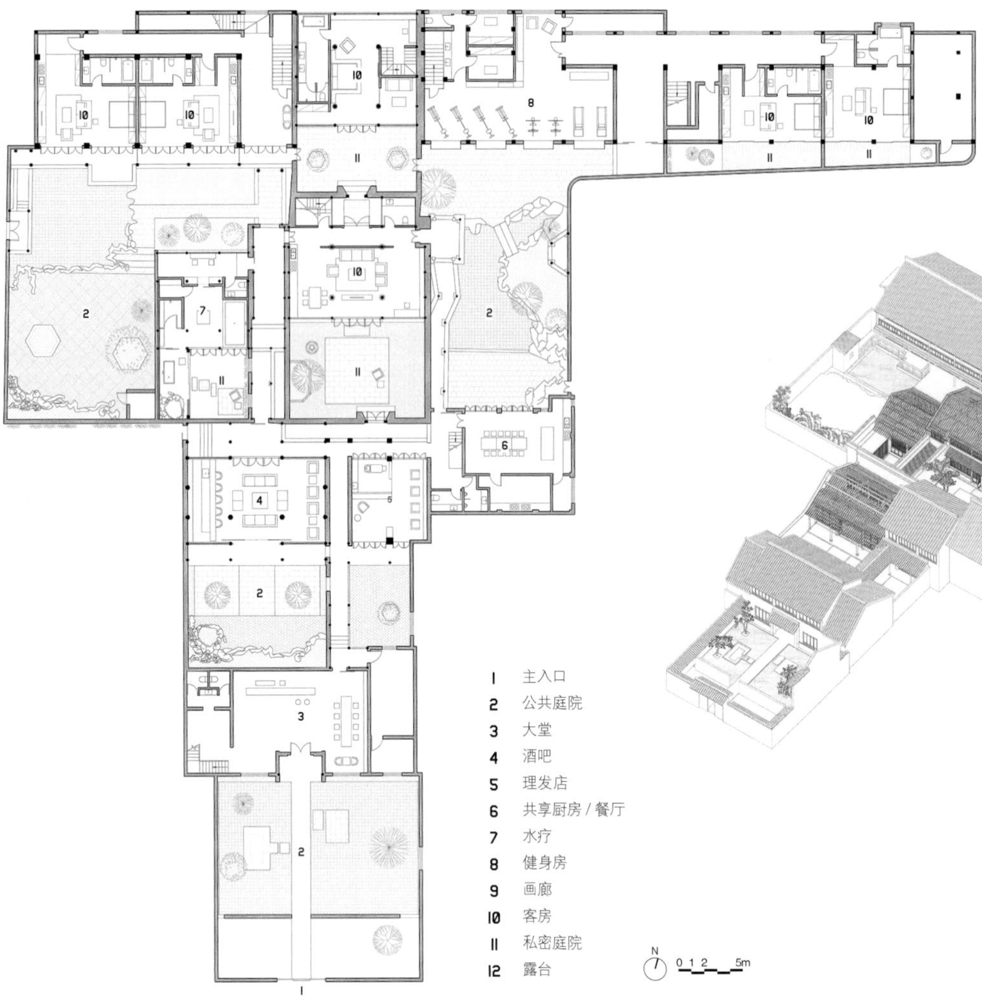

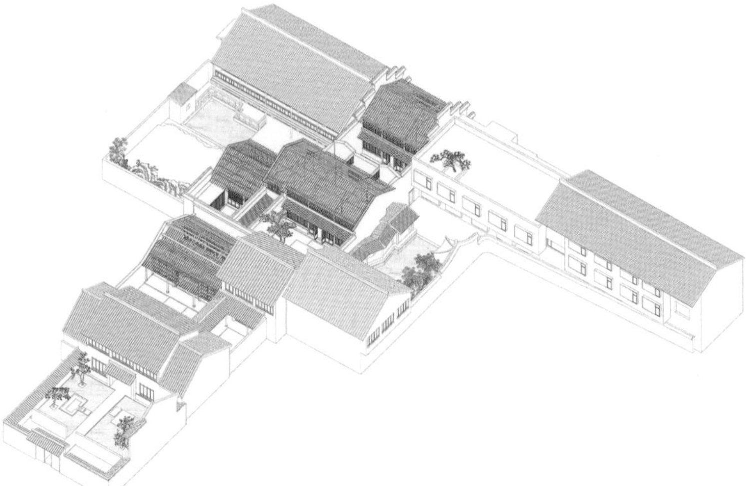

1 2 | 4
3 | 5

1 一层平面
2 整体轴测
3 鸟瞰
4 庭院
5 公共空间

可以在园中和他人一起以共享的模式实现，家的意义在概念和空间上都被扩大了。整体的功能布局在庭院从南侧入口向北侧层层递进的同时，完成公共向私密的过渡和转化。

庭院是苏州古宅中最美的空间，庭院成为了另一个设计重点。老宅院里，每栋古建筑都有一个独立的庭院，在设计中把原本格局中没有庭院的房间，也特意留出一部分空间作为庭院使用。住宅不再是封闭的，室内与室外相通，庭院与庭院相连，延续了苏州园林的情趣，空间随着人的行走变化流动，人的感官体验是动态的。其中的亮点是入口空间，原先的停车场被改造成了石子的庭院和水的庭院，穿过竹林肌理的现浇混凝土墙面，回家的客人从外面的城市节奏自然地转换到园林宁静自然的氛围里。水池中的下沉座椅，让人们在休息时更加亲近水面和树木，带来不一样的视角和体验。通过庭院的改造，动和静、城市和自然，达成了最大程度的和谐。

古宅的改造是一种与历史的对话，在城市人越来越倾向独居生活的个体时代中，希望通过苏州古宅的改造，打破私密界限，创造一处让人与人、人与自然都能产生交流的空间，这是一种对新的生活方式的探索，也是对于古城更新模式的一种新思考的开始。END

1 | 2 / 3

1 面朝庭院的客房
2 庭院
3 公共空间

| 1 2 | 4 |
| 3 | 5 |

1.2 过渡空间

3 起居室

4.5 客房

北京协作胡同胶囊酒店
XIEZUO HUTONG CAPSULE HOTEL IN BEIJING

摄　　影　|　锐景摄影
资料提供　|　B.L.U.E.建筑设计事务所

地　　点　|　北京协作胡同
设计事务所　|　B.L.U.E.建筑设计事务所
建 筑 师　|　青山周平、藤井洋子、杜雷
业　　主　|　自如寓酒店管理有限公司
用地面积　|　1300m²
总建筑面积　|　1150m²
设计周期　|　2017年1月~2017年3月
施工周期　|　2017年4月~2017年8月

1 | 2 3

1 屋顶公共空间
2 庭院
3 主入口

协作胡同胶囊酒店位于北京东二环核心老城区，临近张自忠路的段祺瑞执政府，古老韵味与现代风貌交相辉映，别具趣味。

酒店由两间院子相连而成，从一面中式的朱红色大门走进院子，左侧为前台，右侧为室内影音阅读区。影音阅读区正对白杨前院，前院影壁中暗藏玻璃砖，为房间带来柔和采光。暮色时分，暖黄光影从玻璃砖映出，交错出现代感的光影矩阵。

前院东侧通道为可供休憩的共享廊道空间，这条公共走廊使城市和胡同的街道得以延长，形成“半户外街道”式的全新空间，灰砖与公共家具既成为连接着过去的桥梁，也将胶囊空间变成一个真正的“家”。整条廊道贯穿前、后院，利用落地窗，隔而不断，框取庭院风光。游走长廊时仿若置身悠长的胡同，原本陌生的游客、住客、邻里不自觉停驻于此邂逅交流。更能以具有流动性的书本为媒介，通过公共家具的引导带来别具趣味的“交流”。

院子是“四合院”建筑的居住乐趣所在。顺着廊道来到后院，东侧角落坐落着一处被青砖包围的景观空间。穿过后院，通过南侧楼梯上到二层。二层的露台由一层廊道屋顶连通而成，形成坐于屋瓦之间、树荫之下的典型北京胡同文化体验：夏听蝉鸣，冬看白雪黛瓦。END

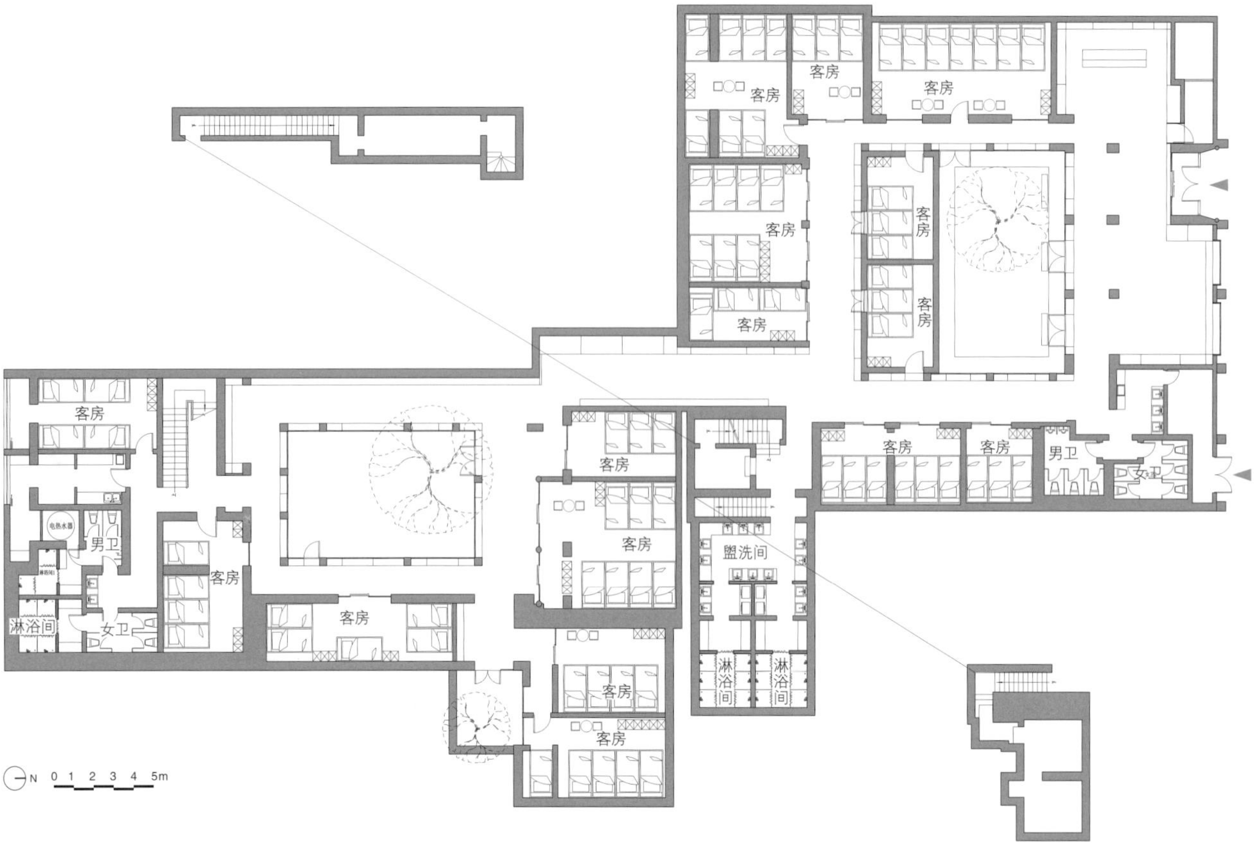

1 一层平面

2 公共空间

3 拥有天窗的餐厅

1	4
2 3	5

1 吧台

2 胶囊床铺

3 庭院水景

4 公共空间

5 自由办公区 / 休息区

国子监失物招领家具店

STORE RENOVATION FOR LOST AND FOUND IN BEIJING

摄　影	星野裕也
资料提供	B.L.U.E.建筑设计事务所

地　点	北京市西城区国子监街
设计事务所	B.L.U.E.建筑设计事务所
建筑师	青山周平、藤井洋子、唐静静、刘凌子
建筑面积	120m^2
设计周期	2015年11月~2016年2月
施工周期	2016年2月~2016年7月

1 入口
2 沿街立面
3 微景观

此项目是失物招领家具店在北京国子监街门店的改造。此次改造希望突破传统店铺的空间模式，引入“家”的概念——现代都市中，越来越多的人选择独居生活，家的概念逐渐从每个家庭剥离出来，向城市的公共空间中蔓延。

在这种背景下，城市的商业空间正逐渐成为城市居民的另一个家。此次改造希望在胡同中为人们营造一个公共的“家”，唤醒人们对家最初的记忆和对未来生活的憧憬，连接人与人、人与胡同的周遭共生。

改造基本保留了传统北京胡同建筑的木结构梁柱，并做了阁楼的加建。入口的室内庭院作为整个空间布局的中心，其他功能区围绕着庭院分布，被划分成餐厅，客厅、书房、卧室等不同的家的基本空间，形成回字形布局，与传统四合院布局方式相同。

在材质选择上，地板、墙壁、顶棚、家具等都使用了朴素的自然材质，忠实于材料天然的真实的质感，最大程度地减少人工的修饰加工，带给人一种粗粝又温暖的感受。家的样貌在胡同中本真性地呈现出来，也呼应着失物招领倡导的回归原点、回归生活的品牌精神。END

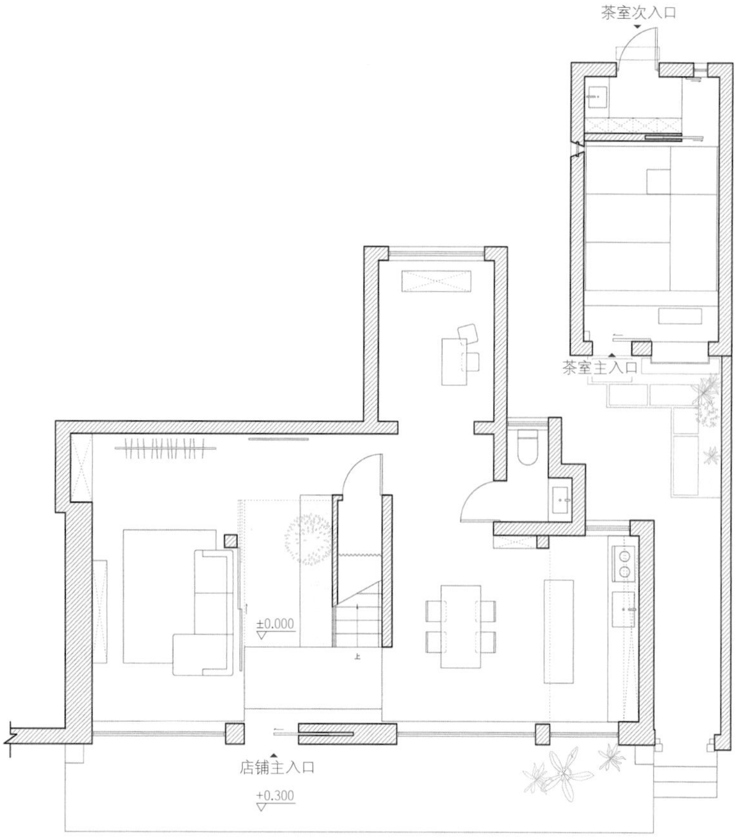

1 一层平面

2 相互渗透的室内空间

3 天光的引入

4 楼梯细节

5 起居室

1 3
2 4

1 卧室

2 楼梯与景观

3 起居室

4 细节

原生·新生
传统棕编工艺在室内设计中的再设计

撰　文 ┃ 谢亮 黄清宇(安徽大学艺术学院)

摘要：传统棕编工艺作为一种传统手工艺，自身具有独特的文化内涵和艺术魅力。但是通过考察、比较多地的棕编工艺发现，棕编产品无论形式和种类都过于单一，这种非物质文化遗产的传承需要探索新的应用路径。本文旨在通过探讨不同的设计手法和创作理念，将原生的传统棕编在室内设计中进行再设计，从而使传统工艺获得新生，充分发挥传统棕编工艺在室内设计中的价值。

关键词：传统、棕编工艺、室内设计、再设计

随着高新技术和新材料的应用，生产方式改变对传统手工艺造成了严重的冲击，传统手工艺经历了持续的物种消亡。通过对各地的传统棕编工艺调查研究发现，作为典型的传统手工艺，棕编主要依靠“人、口”相传这种直接又单一的方式传承，加之传统棕编工艺由于生产效率低下、产品单一和质量标准的不确定性等因素，也在逐步走向消亡。反省导致传统棕编工艺走向没落的原因——局限于原本的单一生产创作领域是问题所在。能否在室内空间环境和相应陈设设计中将其科学合理地进行再设计，是研究的核心。

一、原生——发现棕艺

1. 棕编工艺所用材料以及人文环境

起始于三国时期的棕编工艺是传统手工艺中极具魅力的一种，距今已有1700多年的历史，以非文字的形式流传下来，具有浓厚的民族历史文化积淀。传统棕编工艺主要集中在我国的长江流域一带，以常绿乔木棕树为主要原材料，主要分布于我国热带与热带交接处的山区，四川、贵州、湖南和江南等地是主要的产区（图1）。长江流域的劳动人民就地取材，运用高超的手工编织工艺，将最自然朴实的材料制造成富有功能性和审美性的物品。传统棕编按材料分类主要为棕叶编和棕毛编两大类。

棕叶编以棕树叶为原材料，选材精良，生产季节性强。每年春季4月初，传统棕编手工艺人开始采集棕树嫩叶，将嫩叶用排针隔成细致的棕丝，而后经过硫磺熏、蒸、浸泡、染色等一系列细致的工艺处理之后制成材料备用。棕叶编制品又可以分为两类：日常生活用品和工艺美术品。棕叶编制成的生活用品的特点是坚实耐磨且体量轻盈，精致耐看，工艺美术品造型神态逼真，栩栩如生。棕叶具有不吸潮的特性，制成的各类物品存放时间长，经济实用且易于维护。

棕毛编以棕树皮为主要原材料。棕树树身高约3m~4m，生长到成熟时期，则会长出鬓毛即叶鞘纤维，包裹在树干外面，整体呈板块状，纤维毛细如发丝，颜色为深棕色，韧性极好，富有弹性，且防潮性能也十分良好。棕毛隔成的棕丝最早用于制作南方劳动人民生产使用的遮雨工具——蓑衣，现在贵州很多地区仍在使用棕毛编织的棕绳、棕刷、棕编提篮等各类生活用具和儿童玩具。

2. 安徽地区棕编产品和国内其他地区棕编产品比较

手工编织技艺历史悠久的安徽也曾是我国传统棕编工艺重要传承地之一，因大工业时代的到来以及市场化的发展造成了安徽的棕编工艺逐渐没落。通过实地考察发现，传承棕编工艺的师傅，年幼时开始跟随老一辈学习搓棕绳和用棕毛编蓑衣，后因雨衣的出现才逐渐被替代。因棕毛弹性好又有防潮的特性便开始编织棕毛床垫，由于席梦思的出现，棕毛床垫也逐渐失去了市场。随着老一辈棕编匠人的逝去，加之山区交通和信息闭塞，与外界交流甚少，接触不到新的市场动态和技能知识，导致其创作的棕编产品十分单一（图 2）。

棕编工艺在浙江地区的历史也十分悠久，早期在浙江苍南地区华南虎经常出没，据传说曾有人被虎紧追不放，危急时刻，穿上蓑衣，老虎大惊，以为怪兽，竟落荒而逃。浙江省诸暨市同山镇唐人村棕编手工艺人寿新灿从 17 岁开始做棕匠，刚开始学习棕编制作传统的棕绷，后来因帮女儿做劳技作业的时候突然受到启发，开始用制作棕绷剩下的脚料棕毛制作一些小的动物。他制作的棕龙、棕狮、棕虎、棕鹰从 1998 年开始多次获得各项艺术类的大奖，被国内外艺术爱好者称为“诸暨一绝”。寿新灿也从刚开始只会做祖辈传承下来的棕绷手艺，发展成为一名手艺绝佳的棕编工艺美术家（图 3）。

四川作为国内棕树主要产区，棕编工艺由来已久，其产品早在 200 多年前就已经走出国门。成都市新繁镇的棕编工艺起源于清代嘉庆年间，清朝后期同治、光绪、宣统等皇帝都曾戴过新繁地区编制的棕丝帽。据当地老人回忆，在 1920 年代至 1930 年代，新繁地区的棕编工艺是考验当地女性是否心灵手巧、聪明能干的重要标准。1958 年新繁棕编老艺人共同编织了一套做工考究的、颜色鲜艳的棕编工艺品献给毛主席，包括枕巾、拖鞋、提包等。现今新繁棕编被成都市政府列入第一批市级非物质遗产名录，农闲时心灵手巧的妇女们依旧编织棕编制品贴补家用。在四川其他小镇也有不少传统的棕编手工艺人，使用棕毛编织鞋垫、棕毛刷、棕毛扫帚等日常生活用品（图 4）。

二、新生
——棕编工艺在室内设计中的再设计

1. 棕编在室内设计中的不同设计手法

通过前期深入实地考察和与传统棕编工艺匠人交流总结发现，传统棕编工艺的应用仍停留在日常生活用品和工艺品等领域，但就棕编从选材到制作的生态性和绿色性而言，无论棕叶还是棕毛都是一种耐磨和防潮性能俱佳的材料，完全可以以自身的柔韧性和编织技法的灵活性等特点在室内设计中进行再设计，拓展其应用领域，充分展现传统棕编的实用特征。

在室内空间设计中，空间界面装饰是非常重要的组成部分。首先，可以对棕编材料的原始形态进行二次加工，达到可以在室内空间中进行界面分隔和界面装饰设计的要求。棕编主要是以细长的线条为单位，利用经纬交错编织、包缠等方法将线编织成面，或再由面到体的制作过程。将棕编单位元素进行镶嵌、粘贴、悬挂并与室内空间界面相结合，尝试改变传统棕编产品一直以来“小且微观”的常态，扩大其体量，在室内设计中转化为更为宏观的面、块、体元素的运用。具体方法是：利用不同的编织技法对室内空间中的端景、背景墙、隔断、顶面等界面进行装饰处理（图 5）。对于局部小面积界面，例如隔断等，可以结合具有排列构成感的棕绳来进行空间分隔和装饰。针对整体界面，例如墙面、顶棚等，则需要质量轻、完整性好的编织单元来进行覆盖装饰。柔软的、规

1 2 | 3 4 5

1　棕树及生长环境（图片来源：作者）
2　安徽绩溪棕编产品（图片来源：作者）
3　浙江棕编手工艺人寿新灿及作品（图片来源：网络）
4　四川棕编作品（图片来源：网络）
5　餐饮空间棕编装饰界面（图片来源：网络）

整的、面状化的棕编单元可以通过与木材、金属、石材等其他材料相结合的方式来处理，起到突出局部、烘托整体空间气氛的作用（图 6-8）。

2. 棕编与其他材料结合运用的方式

棕编在室内设计中的再设计不仅局限于空间界面上。作为天然材料，棕编材料既能弯曲又不会折断，其柔韧性与可编织性使其能够与其他的自然材料或人工材料相结合，制作成室内装饰陈设品，从而实现再设计的目的（图 9-11）。例如，经过多道精细加工后的棕毛可与瓷器陈设相结合，依附于瓷器表面进行编织，编织出的外套不仅保护瓷器免受损伤，两者相互配合，使易碎的瓷器与通透性好的棕编相辅相成，互为映衬，在材料的软硬对比、色彩的深浅搭配等方面亦能巧妙结合。

藤制和竹制的椅子在日常生活中十分常见，但棕编椅子至今依旧十分少见。由于棕编较柔软，无法起到支撑性的作用，做成椅子等日常家具必须与木质、竹质类质地坚硬、结构性强、造型稳定的材料相结合。棕编在家具设计中可以作为面层依附于其它材料的结构框架之上，二者的结合使柔软的棕编消除了木质材料的生硬感、单调感。棕编的柔韧性、耐磨性、防潮性以及形态可变性使其还能与其他多种材料相结合，如与铁艺相结合，设计灯具等室内装饰陈设品，既做到了传统棕编工艺形式的创新，也为室内装饰陈设设计方面带来新的突破。

三、传统棕编工艺在未来室内设计中的价值体现

传统棕编工艺未来在室内设计中的价值体现在“老手艺，新运用”及“小材大用”。工业化时代背景下我国传统棕编工艺的发展十分缓慢，在保留传统棕编工艺技艺和材料原生性的基础上，强调其个性化、定制化发展，突破传统的、僵化的、

6 7 8 9 10 11

6 安徽定远安盐曲阳国际酒店 SPA 区（图片来源：作者）
7 某酒店客房起居室（图片来源：网络）
8 某售楼部大堂（图片来源：网络）
9-11 棕编与其他材料结合的设计（图片来源：网络）

滞后的发展状态，并结合现代设计思维，运用新技术、新材料、新的造型手段，创造出既符合传统审美情趣又符合现代室内设计理念的装饰构件和陈设艺术品。

传统棕编工艺承载着深厚的历史文化底蕴和传统匠人对生活浓烈、纯粹的情感，在追求传统"记忆"和返璞归真、回归自然的生活理念的时代，传统棕编工艺作为传统工艺文化和历史记忆的象征，很容易满足人们亲近自然、追忆怀旧的需求。每一件棕编作品都倾注了棕编匠人的"匠心"和"技艺"，蕴含着丰富的生活气息和人文内涵。设计师通过室内环境的营造方式，将其与室内空间充分糅合，在造型、色彩、材质、肌理、光影等方面协调共生，表现出新的精神维度，为室内环境塑造出鲜明的风格基调和高雅的设计品位。

随着生态观念的日益普及，以及绿色低碳的可持续发展观在室内设计中关注度的提高，棕编工艺的优势愈发凸显：在地性的低成本高效率、有"温度"、"内涵"的手工编织技艺以及天然无污染的自然亲和力等，更符合现代人健康设计、生态设计的理念。

四、结语

纵观中国乃至世界传统手工艺发展史，传统手工艺的兴衰总是与时代境遇相伴相生。当下，借着国家"非遗"保护的政策导向，大批的传统手工艺物种再度"复活"，但这其中仍有很大一部分未受到足够的重视，处于停滞摇摆的发展状态，前景不容乐观。

随着"原生"传统棕编技艺的逐渐消隐，其经济价值、文化价值、审美价值已经引起行业和学界的重视。传统棕编工艺既有人文的气息、艺术的元素、生态的价值，又有极大的应用前景，它蕴含着丰富的东方表情和文化内涵，应得到传承和"新生"，吸收并提炼中国传统工艺的精华，与现代生产工艺和创意思维紧密结合，并将其融入现代室内设计的再设计之中，使其在室内空间营造中彰显独特的装饰文化和精神内涵。END

参考文献：

[1]周小勇.渐失的艺术——徽州棕编[J].徽州社会科学，2010.9

[2]吴琼.传统手工艺产业的现代化改造[J].装饰，2007.2

[3]邱坚.论传统手工艺的现代发展之路[J].装饰，2005.8

[4]袁熙旸.创造力在边缘：传统工艺、地方资源与可持续设计之路[J].装饰，2003.2

[5]李思源.家具与陈设在室内设计中发挥的作用研究论述[J].艺术科技，2016.11

[6]郭琳.室内设计中的中国传统元素融入分析[J].美术教育研究，2016.18

[7]王柯云.编织艺术在室内设计中的应用探讨[J].普洱学院学报，2016.5

[8]翁威奇.陶瓷设计在室内设计中的应用价值[J].科技信息，2012.32

[9]徐雯，吕品田.传统手工艺[M].黄山书社，2012

[10]膳书堂文化.手工艺术入门与指导[M].中国画报出版社，2009.11

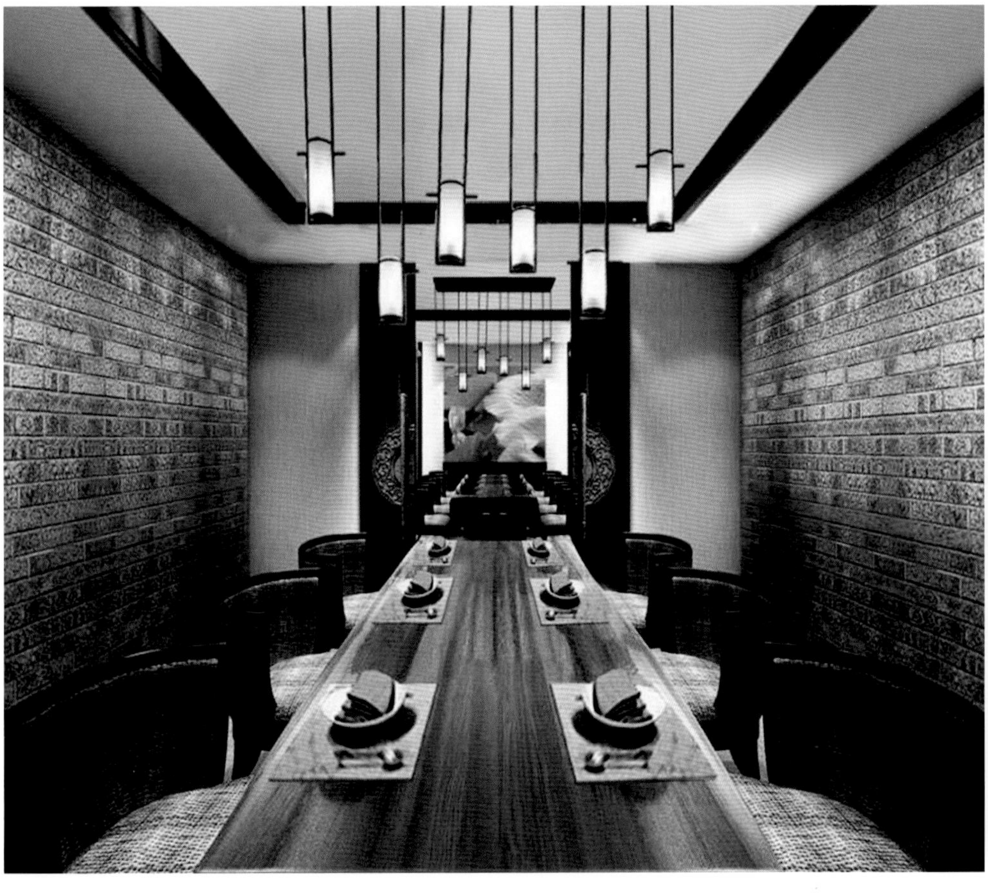

谢柯：设计，是直觉的发生

撰　　文 | 俄耳浦斯的七弦琴
资料提供 | 尚壹扬设计

谢柯，尚壹扬设计创始人兼设计总监，毕业于四川美术学院，从事设计 23 年。

若回顾谢柯的设计人生，
从一开初都是坚持的，
甚至是偏执的。
他希望设计如同生活，及其他一切，
不背离它的本意。
自由，自在。
设计者从生活的日常里来，
再将设计藏到生活的日常里去，
这些都如直觉，
在自然而然地发生……

1.2 设计作品：大理既下山·拾山房

3.4 设计作品：重庆格外小馆

大理

北回归线的大理，温度宜人，夏有凉风冬有雪，田地肥沃，物产多样，南国温煦的气息，竟成了一个时代中活跃分子的悄然聚集地，他们在这里建房子，开酒吧，定居下来，做音乐，或画画，或写作，歌唱，真正的游吟……

谢柯曾在这打理生活过几年，或许也是第一批造访这里的人，也或许可以说是城市的逃亡类群，在他们生活的踌躇期里，需要为自己找寻一处自由的庇所。直到今天，大理依然还有这样的自由意志。

那些过往，谢柯在这里与当地人做朋友，与画家聊些天，与音乐人制作美食，没有计划地游走，造访当地的深处，雨季后的路边菜市，尽可能无所事事，享受美食，看天边的云走过，清晰所见日子的存在与消逝。

迷人的温度并不是这一切的根本，而是人的所为，成为这个世界。大概一生中，我们都在寻找自己心中的故乡。当谢柯走在台北，走在罗马，走在京都的街头，总有微不足道的细处深深感动。

2017 年，谢柯再次回到大理，为自己亲手设计了一栋住宅，与上一次离开，相去二十余年。

二十年间，其实也未曾离开，大理，只是我们心中理想国的一个代名词，带着这个信念，我们在任何地方，都在试图重塑那样的温煦时光与空间，如同一个流浪者，安生在此时此地。在一年前，在谢柯常年居住的城市——重庆，他和他的团队设计建造并经营了一间起居般的小酒馆——格外小馆，隐于重庆最普遍的市井里，在这里，午后有阳光咖啡，冬日围炉纵酒，近亲友常可秉烛相见，有朋自远方来聚，百余平方米的小空间里每一次相见，都写在了彼此的岁月故事里。

建造

谢柯并非专业的建筑师，也非室内设计科班出身，所有的空间建造，更多来自谢柯对空间的直觉、敏感，在想象之下，又有精准的尺度把握。把窗口下移10cm，露出对面的隔墙与树梢，情况大有不同，这些微妙的调整，一如中国文人古法造园，移步异景。

从三年前建造的束河“无白酒店”，到正在施工中的“格外－屋顶顶”，开始施工时仅有初步的平面规划图纸，在工地现场，谢柯才真正进入自由飞翔的状态，他可以想像当天的阳光照进来的样子，人走过看见了什么，坐着的高度带给我们的不同，设想白天和夜晚的光线情景，以及两者之间的调和与平衡……这些迷人的细节，都会消损在精确的图纸里，设计师需要无数次走进现场，亲手让一切显露，当设计师前面懂得技术与实施，后面懂得空间使用的公用与情绪。他就是这两者的平衡权利集中者，他对一切的感悟、记忆、手法、态度，都最终用天地墙的线与面、材质与光影、曲折与遮掩而得以呈现，他就是空间的诗人。“建筑是生活的容器和背景，敏感地容纳着地板上脚步的节奏，容纳着工作的专注，容纳着睡眠的寂静”，一如卒姆托所说。

如果时间允许，谢柯会去观察现场的阳光，冬季与夏季的不同，于是，某处需要栽棵树，某处推窗，某处留墙，从一处角落推演至整个建筑构造的改变。他感叹于巴瓦的自宅，五十年来，从未停止过修修整整，追寻着自己想要的空间情绪，生活的优雅都充盈在那些虚空里。

在所有的空间建造中，基于设计师与工匠、与使用者的合作，谢柯从来不会将空间指挥得绝对精确，他总是给工匠留有余地，让他们常年积累的智慧在空间里留痕，而呈现一种难以言说的手工的美。他也会交给使用者一个有待抒写的空间，而非一个满盈的、无法下手的空间，这样的空间可以包容、接纳、承载空间主人的生活理想与尊严。他甚至会给雨水冲刷墙角的漏痕留有空间，为植物的生长留有时间，设计师并非要制造一个空间的完整生命，而是让一个空间得以自由生长。

这样的态度，设计师拥有的并非建造的技术，而是待人接物的艺术。

工匠

在进入四川美术学院油画专业之前，谢柯曾经在军工生产线上做过七年的钳工，这也是他人生的幸福时段，他对那些结构以及动手有浓厚的兴趣，这为后来在空间上的精准把控以及技术细节垫定了重要的基础。那些日子，他曾业余为单位同事新婚家里亲手设计并制作沙发。

1994年，他有幸认识了一群做得一手好活儿的木匠师傅，之后好几年，与他们在工地上一道干活，从他们的手工中，学得了很多的技术与智慧。直至今日，这群师傅一直是谢柯设计项目的施工合作者，他们建立了相互的尊重、理解与高度的默契。师傅们懂得设计师想要的成果，但未必全部照章执行，一如往日，他们会从技术与实现上提出一些另外的可能性，甚至因为经验的累计，以及合作的相互促进而进步，所讨论的技术水准超过了以往的思考，而谢柯总是那个期待而又认真的倾听者。这些手工的加入，使得空间不再只遵循图纸的理性推演而呆板施工完成，而因环境、因材质的变化而有机灵动。

卒姆托童年时走入姨妈家花园时曾经握过的门把手——形似汤匙背的金属门把手，他记得脚踩在砾石地上的声响，上了蜡的橡木楼梯闪烁着柔和的光泽，他还能听到沉重的大门在身后砰地关上……

但如今，在建造世界中，设计师在全世界著名，工匠却被遗忘，而中国那一代拥有过硬手艺的匠人也正走向年迈，他们并无更多认真的学徒……

1 设计作品：臻瑜伽
2-5 建造记录
6.7 设计作品：云南束河无白酒店

1 4 5
2 3 6 7

1 设计作品：中交中央公园展示中心

2.3 设计作品：江山樾邻里中心

4.5 设计作品：仙女山归原

6.7 生活片段

住宅

年轻时一次偶然的机会，受友人之托邀请为其设计住宅，谢柯猛烈感知到，那些围绕人生活而衍生的空间，具有真正而永恒的迷人设计意义，迄今为止，谢柯对住宅设计都充满热情。

这意味着空间本身没什么意义，只因生活其中的人，才赋予空间生命。设计住宅，实为观察人，阅读主人，参与生活，带着善意、容纳、执着与退让、求和与留异。但设计师并非一个魔术师，规避长袖善舞地设定居住者的生活程式，他那微微的作为，仅仅是在放大主人的生活品性，让美好的夙愿如星火燎原，重新观看自己，听见自己内心的声音，坚决地去过美好的生活。

在谢柯和合伙人支鸿鑫所带领的尚壹扬设计团队近些年的设计项目中，基于对住宅设计的热情、思考与实践，团队放大到了“泛住宅领域”上，成功设计了众多在国内炙手可热的酒店民宿项目：束河无白、大理果念、拾山房、梅里既下山、四川蜀中驿……

音乐

This empty kitchen's,
where I'd while away the hours,
just next to my old chair,
you'd usually have some flowers.
The shelves of books,
It's just a place where,
we used to live,
now in another town,
you lead another life.
Here in the dust,
there's not a trace of us.
Everything is gone,
but my heart is hanging on...

1 3
2 4
5

1-3 原创品牌：壹集

4.5 东南亚手工艺人创作记录

当 Mark Knopfler 这首《A Place Where We Used To Live》响起，儿时的记忆会爬满心头，有关儿时的记忆，大约会跟随一个人的一生。这些场景深刻，儿时谢柯母亲及家人，都在优雅地追求生活，哪怕是一束塑料花，也会尽量插出些好看的姿态，处处都有生活的讲究。

听了 Knopfler 三十年，2015 年专程去罗马看他的演唱会，初见时，已如老友般平淡。

也听了许巍三十年，许巍的词，如同一位同龄人，在岁月的有拥抱与鼓励，"我那总沉默的朋友，你让我感觉到力量"，"我想了解这世界，充满悬念的生活，他击打我的心"。

谢柯也爱听里希特指挥慕尼黑巴赫乐团版《勃兰登堡协奏曲》，音乐既和自己对话，音乐的品位也和盘托出身心的样子。

地域

在谢柯的个人作品里，可以看见对地域多样性包容接纳之后的选择，他迷恋那些素色的墙，留给光影，迷恋木材，等待裂痕与风蚀。

在京都，有那些几辈人都醉心于一件事的小店。在爪哇，谢柯和他的团队，探访那些鲜为人知的古老村落，劳作依旧是传统的，他们手工的编织与纺织一代代在相传，可为今用。东南亚的诸多地域，世代日用的家具，有着令人惊奇的形，粗拙的工艺恰如其分。甘美兰的乐器，祭祀的鼓……他们将这些友善地带回，集万千美物于"壹集"—— 尚壹扬新近成立的全球家具及饰物买手及传播品牌，把优美的手作之物带入到当代流通，一方面传播美，另一方面也为全球角落里濒临消逝的艺人传承得以延续尽力。

醒睡

在醒与睡之间，谢柯没有选择与强迫，他希望如孩子般天性而为，听从自己身体的声音，让生活可以自然而然地发生。或许深夜，依然可以一个人玩到夜深，音乐、阅读，可以走到心灵震颤的秘境。偶有三五至交，在深夜茶后，言谈方渐入佳境，与之相比，所有白天的谢柯，似乎都是拘谨羞涩的。

观谢柯二十年华的照片，目视远方，如炬。如今，如炬的眼神还在，退于眼角了，留下了平缓与温润。当然并未消逝，因为在设计上，谢柯依旧是坚持，甚至偏执的。

对自己自由的释放，都在面容里显露着。END

森之舞台
STAGE OF FOREST

摄　　影 | 苏圣亮
资料提供 | META-工作室

地　　点 | 吉林松花湖风景区
设计公司 | META-工作室
设计团队 | 王硕、张婧、曹世彪、姜硕、杨尚智
结构咨询 | 刘笠川、赵东卓
照明咨询 | 韩晓伟
业　　主 | 万科松花湖度假区
功　　能 | 观景台
面　　积 | 277m²
项目时间 | 2016年3月~2016年11月

1 入口
2 鸟瞰

森之舞台位于吉林市松花湖风景区，它坐落在大青山顶森林边缘的山坡之上。这一观景点的选址，基于对场地条件的全方位考量。建筑师希望尽量减少建筑对现有植被的影响，同时保证观景平台上视野的最佳角度，由此确定了基地位置和三角形舞台的基本形状。夏季，这里被浓郁的绿荫环绕；到冬季，粉雪覆盖一切，形成了一条绝佳的野雪道。森之舞台就从起伏的地景中缓缓升起，如漂浮在水面的一片树叶，悬挑于雪道之上。

三角形平台的两条短边按两条访客路线设置：自林间小路走来或从雪道滑来。如此，平台非但没有阻碍人们望向湖面和山峦的视线，更会给行人一种建筑形体与周围山景间不断变动的视觉张力。由于上部的木质舞台和下部的混凝土基座朝向景观不同，两个体量错位相接，建筑最终呈现出一种扭转的姿态。

建筑挑战了表达与体验的既定一致性，将粗砺的材料物质性和富于感观体验的空间形态融于一体。建筑师通过对建筑体的扭转、直线与双曲线墙面不断转换等方式，塑造着观者细微的感受差异。沿着林中小道一路走近，先前感觉深沉的建筑体，在阳光下烧杉板的表皮隐约泛出银色的光泽；抵达建筑时，烧杉板皲裂的表面、清水混凝土表层的木纹理几可触摸。

建筑的内部组织更是一场精心策划的空间体验。进入延长的混凝土门斗后，你的眼睛会逐渐适应昏暗的光线，同时被雪道向远处延伸的景观所吸引。随后，狭窄的木楼梯指引着一路往上的唯一路径。到达观景层后一转身，霎那间，松花湖的湖景和蜿蜒山林横陈眼前，呈现出大自然令人窒息的美。气候无常，湖面时而清晰可见，时而雾气蒸腾；冬天的山林，偶尔还会出现“雾凇”奇观。

平台的三角形体量斜切出一对椭圆形的洞口。一个洞口在屋面，等待雪花和阳光洒入室内空间。另一个洞口位于地板，诱发舞台上下的人互动。平台内部整体为未做处理的红雪松木板，保留着原木色差，与外侧深色的烧杉板表皮形成色彩与质感上的强烈对比。

在自然中设计，就是搭建人与自然之间启发性的媒介。森之舞台不仅是观景平台，也是一处可以灵活用于活动、聚会、展览和工作坊的空间。它希望激发人们探索自然，并发掘人与自然的关系。而森之舞台本身，也将成为自然的一部分。END

1 | 2
  | 3

1 树林与雪地间通向入口的小径
2 从雪道仰望森之舞台（照片提供：万科松花湖度假区）
3 立面造型（照片提供：万科松花湖度假区）

| 1 | 3 |
| 2 | 4 |

1-4 内部空间

阿丽拉阳朔糖舍酒店

ALILA YANGSHUO

撰　　文 | 琚宾
摄　　影 | 井旭峰（鸟瞰：陈颢）
资料提供 | 水平线空间设计

地　　点	广西桂林阳朔
室内设计	水平线空间设计
设 计 师	琚宾
建筑设计	直向建筑
建 筑 师	董功
建筑团队	何斌、王楠、刘晨、朱方舟、王坚、徐孟尧、孔祥栋、刘智勇、李柏、张鹏、马小凯、赵亮亮
室内团队	韦金晶、韦耀程、聂红明、张洛恺、罗钒予、张轩荣、周文骏
驻场建筑师	赵亮亮、张鹏、李映发、李希普
机电顾问	深圳市嘉石机电工程设计有限公司
灯光顾问	Albert Martin Klaasen （Klaasen Lighting Design）
当地设计院	桂林市建筑设计研究院
业　　主	阳朔新天地旅游发展有限公司
酒店管理	阿丽拉酒店及度假村
建筑面积	16 000m^2
设计时间	2013年8月~2014年10月
建造时间	2014年10月~2017年6月

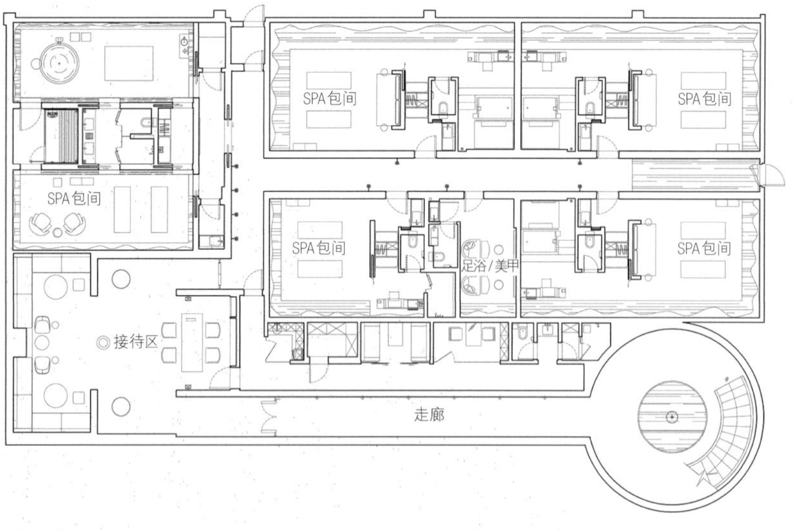

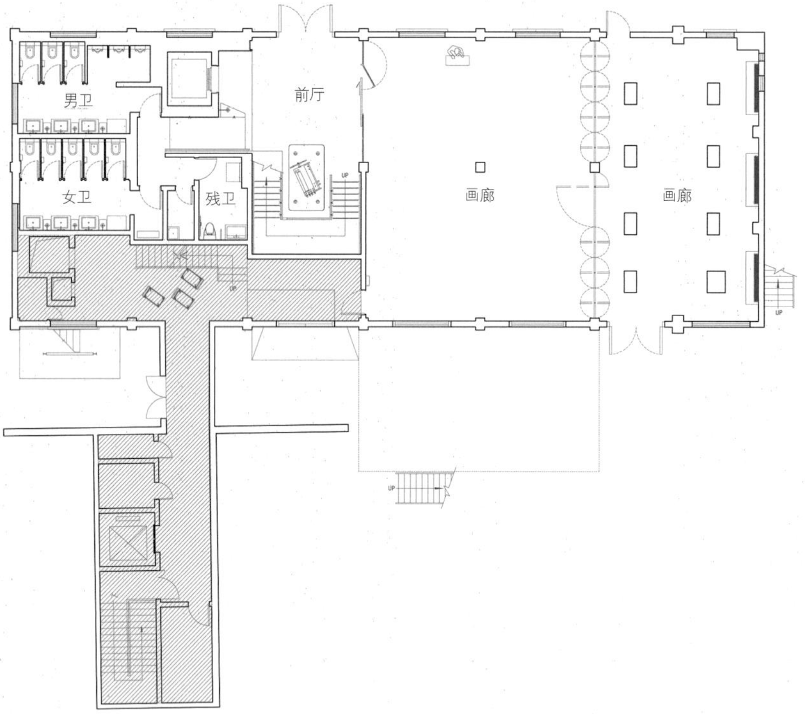

拿到阳朔阿丽拉糖舍的成片时，很想去感慨生命的美好，想歌一长曲，或浮一大白。16000m²的酒店在我眼里有着千百万般的景致，高入空中烟囱顶，低至池内铺底砖，从芦苇到连理树，到旧木板及门拼花，早先的老壁旧垣，如今的姹紫嫣红开遍，四年的时光和心血……这是一篇长故事，现作文以分享之。

我去过很多的度假酒店，看过很多的好风景。糖舍的地域完整性、丰富多样性，再加上独特的历史背景、感情因素，在我看来，很是具有稀缺性。

最初介入的身份是设计师，继而为了实现设计诉求、控制设计话语权变成了小股东，再变成组织者重新联系了建筑、灯光、机电等合作方团队。四年的时间里，以投资者与设计师的双重角度参与始终，对整体的格局、广度、深度、成本，各种细节的把控都有了更加深刻的心得和收获。当然，这少不了大股东们的信任与支持。

糖舍本身有着旧厂房、工业元素，整体力量老得很雄厚。很需要在旧的空间里借当代性去碰撞出新对话，产生新能量。于是有了红大堂、金书吧、蓝酒吧、钢板锈色餐厅……每个空间里都有种强烈的颜色，将艺术性做到极致，与无法大改的老房子形成对抗、达到平衡，并变出生机，将记忆海马体内部增益成长至更加有趣的层面。

曲得合韵，老房子体验，新房子舒适。当然这更是在强调历史客房有种更深刻的体验，有着特定位置的悬窗和风景，有特殊营造出的气质和感情。新建筑中的房间内饰很柔和，整个空间气质很细腻温软，有种轻松爽朗的少女感。洗手间的浴缸有一面石头的墙，那些被切成不规则形状后再砌成的当地毛石，除了功用外还体现着度假性。床头有桂林山水图样的浮雕，很接地气。这种装饰性的渗透需要设计把控，不能少不能散，还不能腻。

度假时的视线大抵都是平铺及向上的，于是别墅中的顶棚很不同，墙上则极简得干净。内里有阳朔的麻绳，交织成不同的纹路；还有如中国画般的摄影，水墨得很清雅，其后另有玄机；再有当地的石材，处理得很呼应地域关系……在里或外都可以听雨、看树、闻香。舒适度和当代性的结合是基本要考虑的，空间的在地性应用也是要考量的。我们将老糖厂窗户上的旧图案提取，把在当地随处可见、和阳朔路边马路牙子同根同祖的石材，运送到

1 2 | 3 4

1 水疗区平面

2 全日餐厅一层画廊平面

3 水景与建筑整体外观

4 鸟瞰

外地加工完了再运回来，从SPA铺设到客房再到别墅，这个图案贯穿酒店各个区域。

其中散挂着以糖厂为主线的画，是个几十年的家族故事，由艺术家刘传宏创作。接待大堂的三幅装置，回应桂林山水，再分别与老糖厂、新建筑对话，由青年艺术家吴蔚定制而成。还有书吧的冥想者，餐厅中分开两组三代五口攀岩、眺望相应的雕塑。还有各处的阳朔及老糖厂本身的历史照片……这些都在讲述老房子的历史故事、老建筑更新改造成公共区域应用的故事、新老建筑相互对话的故事，还有其中的我们自己正在书写着的故事。艺术及艺术品代表着对文化的理解，这些收藏是可以近距离细细品味的，代表了业主自身的价值观。同样的价值其实还隐藏在了许多细节上，例如在SPA门口的北魏年间雕塑、大堂吧低调挂着的当代艺术家江大海的绘画、餐厅里手工制的蚕丝灯罩等等，这些都体现着糖舍本身的定位。

糖舍里的材料很多都有生命。这种原生材料，会慢慢随着时间和空气变老，会有包浆，使得整个酒店也会慢慢地有了沉淀感。空间里的旧物代表着历史、文化积累与雅致，在糖舍中则对应为手工打磨后的旧地板、拼接出的门面板等。设计过程中特意保留的工业感，使得空间里留有拙性，不过于精致。

在那片用倒影连接新旧建筑的水面上，还伴着两旁的青山，整个糖舍看上去很美很轻盈，配着清早或傍晚时的天光和将熄或初亮的灯光，仿佛入画，呼吸时都会清澈许多。我们为这角度预留了最佳拍摄地，在那里看出去，刚好是老房子展开的画面。入了夜，那个水景里没有灯，水面上也没有灯，房间的灯点映在水面里，刘三姐的灯光一缕一缕亮在天空上。一边水面，一边草地，桂林的山被在半腰上打着光，整座整座地像飘在半空中，几近魔幻，任万物兴现。

前厅草地上有座微缩的山，如神龙摆尾，从大堂望出的那块恰好是龙头。那段时间选石头选到近乎魔怔，直至这一整块与我遇上，与糖舍遇上，石头也有了其自选的去处。单独的一块，自己停留在了前厅的侧面，半边接雨长出青苔半边雄峻地，在前段时间还配着模特杜鹃上了次封面。后院按设想堆成的草坡上有各种适合的杂草，还有棵难得的连理树，一半桂花一半香樟，以后会成为婚礼进行的合适场地。最终，那种想要表达的气韵和周边的景致

1 | 2

1 接待
2 书吧

结合在了一起，老房子与周边山水的关系达到了种微妙的平衡。

场所可以支配事物，可以主导心境。我很喜欢工业遗迹条件下的朗姆酒吧。将不同形态但同样舒适的座椅融入独特的空间特性中，成为那些旧阶石的一体，于是内里的酒也容易激发预设的情感反应。

SPA 建筑外观改造自老的储藏空间，是个旧罐子，这应该是全场最呼应糖舍本身属性的地方。天气晴朗的时候，阶梯边上透着光，连接了数百个明亮的孔洞，各种光斑和阴影汇集一处，与水泥一同铺成了条旋转状通往胜境的路。内里可以体验到喀斯特地貌溶洞中的特殊性，也可以感知到光的能量、光的流动。像万神殿。

至今我还清晰记得每个阶段的模样，看着挖土种树起高楼，看着铺池陈列试营业，更清晰地记得开业第二天的洪水，那样一点点地将糖舍地下设施淹没，又是怀着怎样的不舍与期待等到其涅槃重开。还有我和建筑师董功那随着时间及事件的积累而无比地深厚的交情，我们在木模混凝土、砌块砖实践成功现场的喜悦。还有与灯光公司 Martin 的通力合作，以及那些一起或单独调光的美好夜晚。这是一个很舒服的设计过程。

露天电影和芦苇是我儿时的记忆，于是在场地上实现了。泳池虽然因为安全系数的关系最终没有无边界，但在漓江的边上与青山白云亲近，也是极具记忆点和仪式感的。其与那片山水、与整个糖舍融合，将两旁的老水泥桁架作为远景、近景与层层递进的媒介，似不期然而然，呈现得很恰当。END

1 2 3 | 5
4

1.2.5 餐厅
3 书吧
4 画廊

1 | 3 4 5
2 | 6

1-4 套房
5.6 SPA

苏州漫心·棠隐酒店
THE TOIN HOTEL RESORTS

资料提供 | 苏州黑十联盟品牌策划管理有限公司

地　　点	苏州平江路
设计单位	苏州黑十联盟品牌策划管理有限公司
设 计 师	徐晓华
面　　积	$1500m^2$
竣工日期	2017年7月

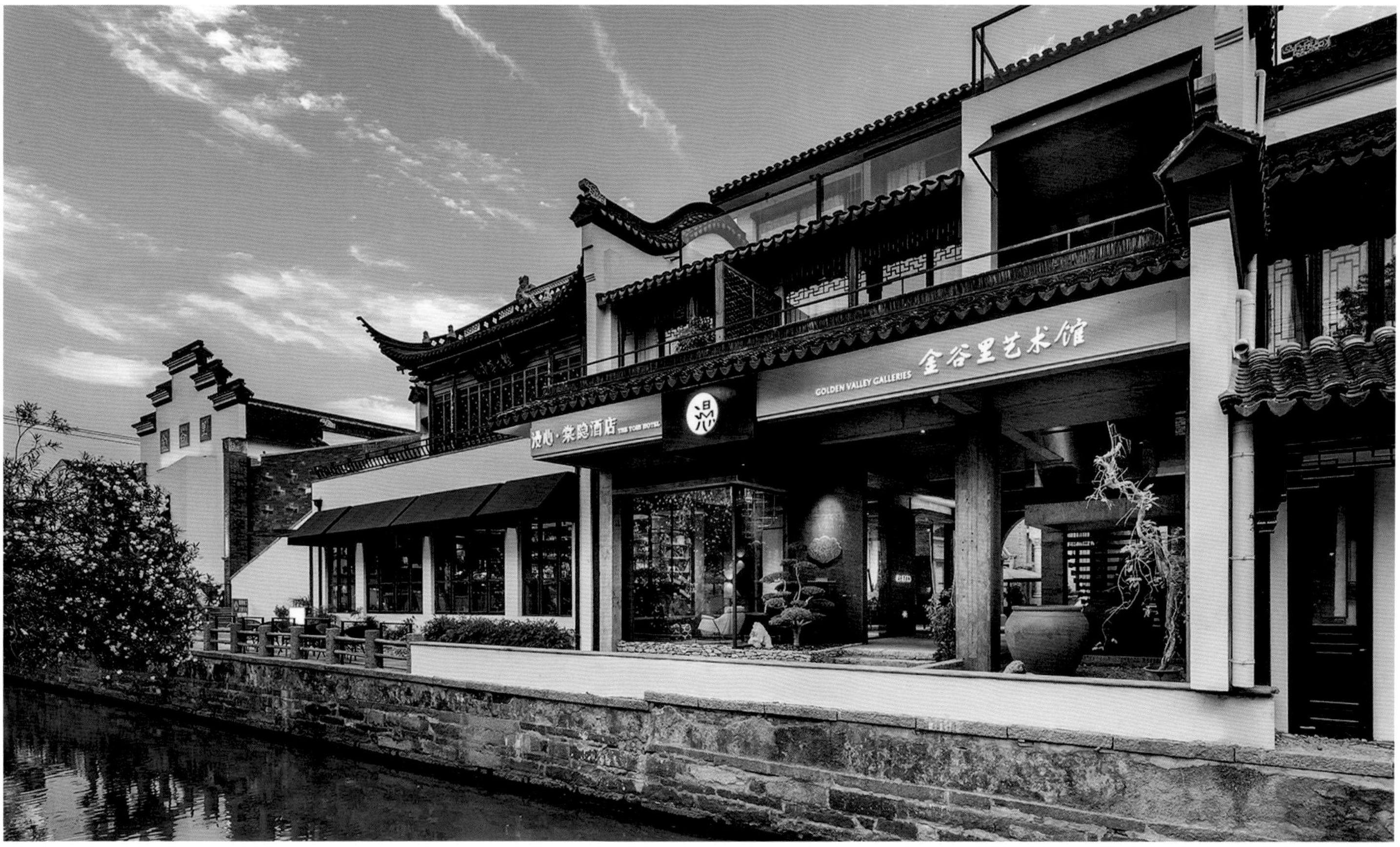

1 民国小院

2 酒店临河而居

设计漫心·棠隐酒店的起心动念，源于平江河对岸摇曳生姿的夹竹桃。设计师徐晓华为酒店客人构思出一幅诗情画意的场景：落座窗边，悠然度日，与穿过夹竹桃枝叶的船家打招呼。他将这份有关江南水乡、小桥流水的美好想望，安放在烟火升腾的平江路上。平江路是最具江南特色的水弄堂，水陆并行、河街相邻，这里有曲水人家的扫洒忙碌，有吴侬软语的家长里短，有特色小吃，也有民间工艺。这里的每一座小桥，都有一个诗情画意的名字，这里的人间烟火，成就了漫心·棠隐的大隐于市。整个酒店有一个基本时间轴的设定。从沿平江路的明清建筑外部逐渐过渡到内部民国建筑风格，两侧的建筑又是建国以后建成的“吴县丝织厂”，时间跨度让建筑成为有故事的载体。材料方面，选取有温度感的老材料，进行了全新的组合，在古老的苏州城与现代舒适的生活体验之间建立关联，打造一个收录了苏州风物人情的重逢之境。漫心·棠隐酒店做了一个颠覆性的尝试，把传统酒店的大堂吧升级为一个有趣的空间——花吉社，所有美好的事物都可以在这里跨界相聚，有趣而“会玩”的人们在这里结缘相遇。设计师徐晓华赋予这个空间以无数的可能性，这里不只是咖啡吧，也不只是酒吧，今后它会有设计师匠心独运的文创产品，还会有丰富精巧的特色活动，各种美妙的元素在咖啡因和酒精的作用下加乘发酵，带来不期而遇的惊喜。

桃花源记

桃花源记是酒店的早餐厅，其设计理念是再现江南文人的市井文化，吃小吃，吃美食。整个这家店的主题是“早春的苏州”，我们因此选用了一些绿色的元素，比如屋顶用苏州的绒线做了一些既像荷花、又像苏州碧螺春茶叶的装置造型。整个空间用绿色营造出清新的苏州感觉。布局丰富灵动，用了一些苏州的老地板、旧的青砖，青砖里面还镶嵌一些青瓷的瓷片，增加整体的丰富度。竹子很能体现江南文人的气节，所以在桃花源记里也采用了一些竹子的元素。我们在苏州收了很多旧花窗应用在这个空间里面，想要打造的是一个现代的、具有苏州传统材质、气质、味道的一个空间，而并不是做完全仿古的一个空间。

这家桃花源记主要吃苏州小吃、小食，以及精致的苏帮菜。我们想把这家桃花源记做成小酒馆的感觉，可以喝一些比较温暖的果酒，可以吃苏州特色的菜。早上提供酒店早餐，其他时间有正餐提供。另外，空间里除了旧木头，还用了一些纸筋灰的

1 钢结构楼梯

2.3 花吉社

墙面，这也是苏州老房子里一些传统的工艺。在餐厅的中间，用淘来的旧石板做了座石桥，还有一个下沉的空间，也是苏州小桥流水的缩影。

花吉社

花吉社门口种了一棵大的凌霄，随着时间的生长，它会越长越丰满，我们做了一个旧木头漏式的雨棚，这样有虚有实，虚实相生。

花吉社是棠隐酒店的大堂吧，具有咖啡吧与酒吧的功能，整体风格试图打造花房的感觉。一进门有一个墨绿色的铁质花房，有各种鲜花、干花，还有一些绿植，一进来有一种很舒服的感觉。在这个空间里面，一进来还会看到一个壁炉，这个壁炉真的是可以用的，既可以做装饰，也可以做取暖的功能。侧面我们做了一个花车，用一些旧的材料，上面是各种鲜花的呈现和灯光的组合。沿河区域是酒吧吧台，河对岸有非常漂亮的白色夹竹桃，客人坐在河边，能够看到船家。沿河做了敞开的落地玻璃窗，坐在河边也会感觉非常舒服。镂空的顶棚上做了一个特别的装置，是江南渔家的渔网的装置，用六片造型相叠而成，像是天空的云，又像是江南渔网的感觉。

花吉社设了一间多功能室，既可以做会议室，也可以做定制的一桌宴，整个房间的中间悬吊了很多我们收过来的旧筷筒，有各种材质和颜色，配合灯光，形成不同的感觉。房间内凹做了一个小的庭院，有各种花、植物，让这个空间有变化。墙面悬挂了很多实物装裱，如盘子、画框、擀面杖等。

酒店

酒店大堂是整个酒店的灵魂。一进酒店看到的屋顶是用苏州的旧榆木门来制作的，我们把很多榆木板用在了酒店的其他部分，所以留下了好多门扇，废物利用把这些门扇做到了屋顶，反而变废为宝形成了这样一个特别的造型，在处理时又做了一些节奏的错落变化，还做了些古书的装置，希望酒店能带给客人书香门第的感觉，将江南文人喜爱读书的习惯传达给客人。地面用了些江南的青砖，我们选用的尺度并非是宫廷里的大尺度，而把小的青砖做成人字拼的尺度，从室外一直延伸到室内，形成空间的延伸。我们选择的家具、摆设是收了苏州老的案几、柜子，还用了些烛台、绿植、陶缸，营造苏式生活的氛围。

大堂等候区的顶面，我们做了一个江南渔网鱼笼的造型，使用三种颜色及不同材质，配合灯光，一起给等候区的客人带来江南市井的感觉。这个空间里的家具，既有皮质的，有明式的，也摆放了些小凳子、绿色的地毯，形成混搭，也为了在酒店和花吉社之间有个过渡，因为花吉社希望拥有更年轻时尚的感觉。

从平江河沿街，经过桃花源记和花吉社，就到了酒店主入口。我们做了一些传统的青石板、鹅卵石、青砖的组合，转角处种了一棵黄杨。钢结构楼梯用钢索悬吊，

COFFEE & BAR
ORIGINALS

造型现代，但是用的是木头、旧地板几种材质，是传统做法，新的演绎。我们用青砖、水洗石、欧式罗马的柱子，打造了一个聚会的场地。再加上灯光的配合，造出苏州民国时期的感觉。

酒店沿平江河有个夹层，做了两间传统的豪华房间。这两间完全用苏式传统结构来做，保留建筑结构的特色，有瓦砖、木椽子、梁，塑造了这两间最有特色的传统房间。墙面也做了一些传统的处理，在乳胶漆里加了沙子，形成米色的温馨感觉。在家具的选择上，也是新旧搭配，古典与现代的碰撞，在旧的材料和舒适感之间做一个平衡和融合。有的房间有小的阳台，客人可以直接坐在河边上，感受平江路的烟火气。在夹层的走廊，我们做了两个壁龛，是松树的艺术装置，用旧木头做了新演绎。

酒店保留了很多民国建筑的材质，青砖、水泥柱子和原来建筑结构的材质。电梯一出来，有个铃铛装置，传统的小铃铛形成了矩阵。走廊地面铺设了剑麻毯，既耐脏、防滑，也与整个空间和谐融合。地面采用水磨石的材料，也是几十年前经常用到的、比较传统的材质。走廊软装用了传统苏州糕点的模子，我们把它做成一个艺术装置，能够让客人感受到传统苏州美食的痕迹。

二楼内走道有一面摄影墙，所有的摄影作品都是苏州知名摄影师潘宇峰老师的作品，讲述苏州小物件、小场景的故事，形成黑白系列的效果，能够反应苏州老百姓生活的场景。内走道有一些小的推窗及日式枯山水，结合了很多的软装。墙面保留了原来的旧墙面，并做了水墨印象的尝试。在这个水墨墙面上，形成了小的一些窗，有虚有实，与顶面小窗洞的感觉是呼应的，用了旧的杨松板与民国海棠花玻璃的组合。在海棠花玻璃的选择上我们也做了些绿色、红色、蓝色等，各种颜色的变化，让这个空间更有变化，让它有更多时代感觉。

一进房间，能看到敞开式的洗手池，洗漱台盆用老榆木材质，很多细节是用苏州卯榫结构，透过这些物件，能看到苏州老木工人的匠心在里面。房间地面用芝麻黑的石材做了人字拼以及用老的榆木地板。房间里采用敞开式的衣柜，这也是我们设计的一个创新，所有衣柜都敞开，用榆木和铁进行组合，形成一个开放的展示型空间。

整个卫生间采用黑色铁框，有些竖向挺拔的线条，与衣架、衣柜及洗漱台盆形成呼应，有统一的色彩。在客房空间里面，选用了绿色、蓝色、红色等饱和度高的颜色，有比较大的冲击。

整个内部装修风格加了些民国风的细节处理。床及休闲沙发的还是采用了简欧风格，但是床头柜等小家具，选用了传统苏州的东西，形成了混搭。让客人既有传统的印象又能享受现代生活的舒适性。

室外花园有遮阳棚、布棚、户外椅子，这些组合穿插在绿色植物之间。从这个阳台上可以看到平江路，可以看到传统苏州的老桥，还可以看到一些新苏州的变化，这也是一个可以活动和聚会的区域。

酒店房间以唐寅的画作或诗作的名称作为基础进行命名，形成完整的一个系列。名称不仅展示在房间门上，也可以衍生出手账本等具有纪念价值的周边产品。END

1 露台

2 客房门牌

3 客房卫生间黑色铁框

4 客房

青普扬州瘦西湖文化行馆

TSINGPU YANGZHOU RETREAT

摄　　影 | Pedro Pegenaute
资料提供 | 如恩设计研究室

地　　点 | 扬州市邗江区
设计单位 | 如恩设计研究室
主创建筑师 | 郭锡恩、胡如珊（创始合伙人）
建筑设计团队 | Federico Saralvo（资深协理）、曹子燚（协理）、黄永福（高级项目经理）、Sela Lim（高级建筑设计师）、赵磊（高级建筑设计师）、Callum Holgate、陈乐乐、Valentina Brunetti（高级建筑设计师）、沈洪良、刘鑫、朱彬
产品设计团队 | Nicolas Fardet（协理）、王赟、张进
基地面积 | 32000m²
总 面 积 | 4200m²

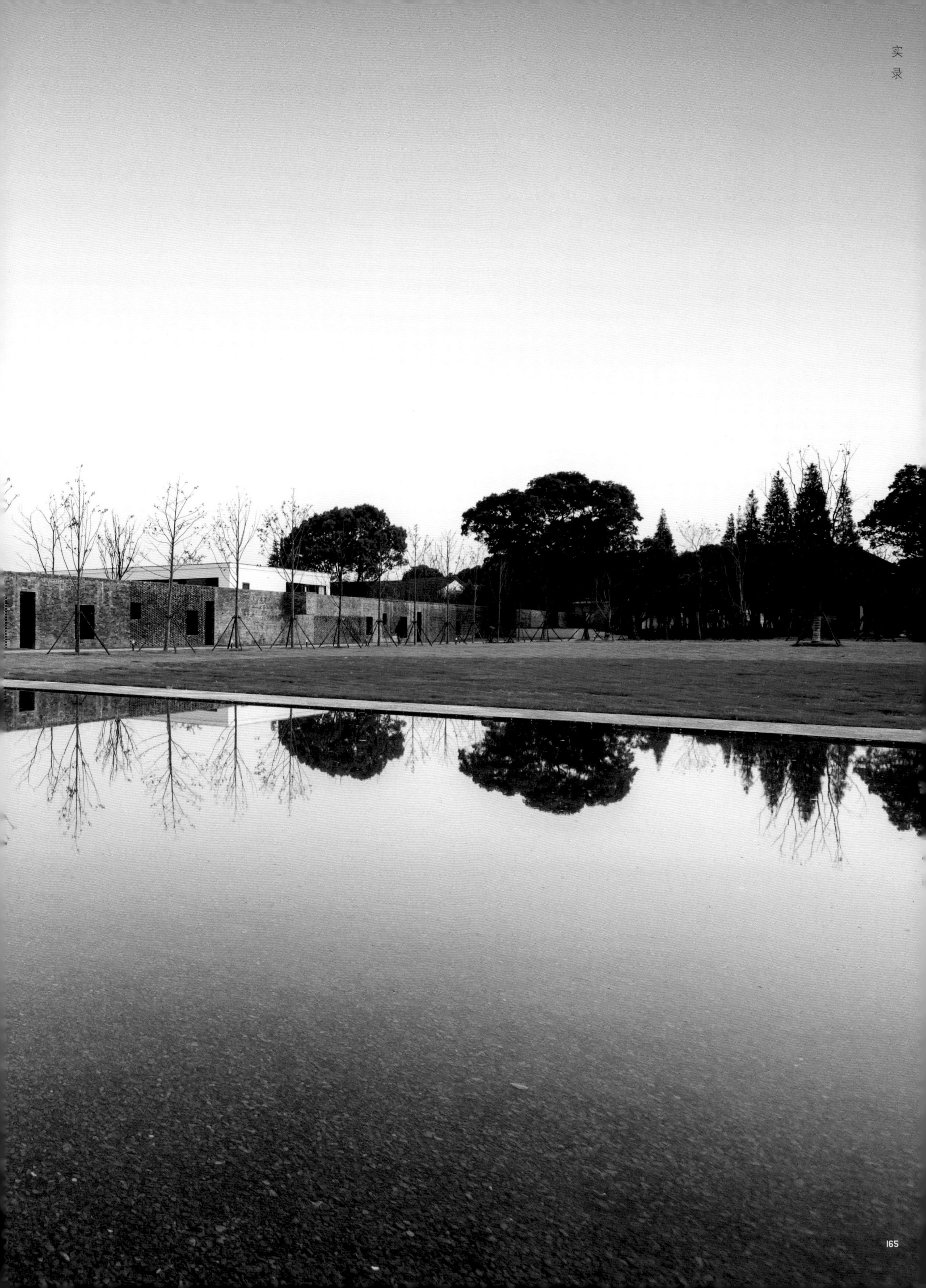

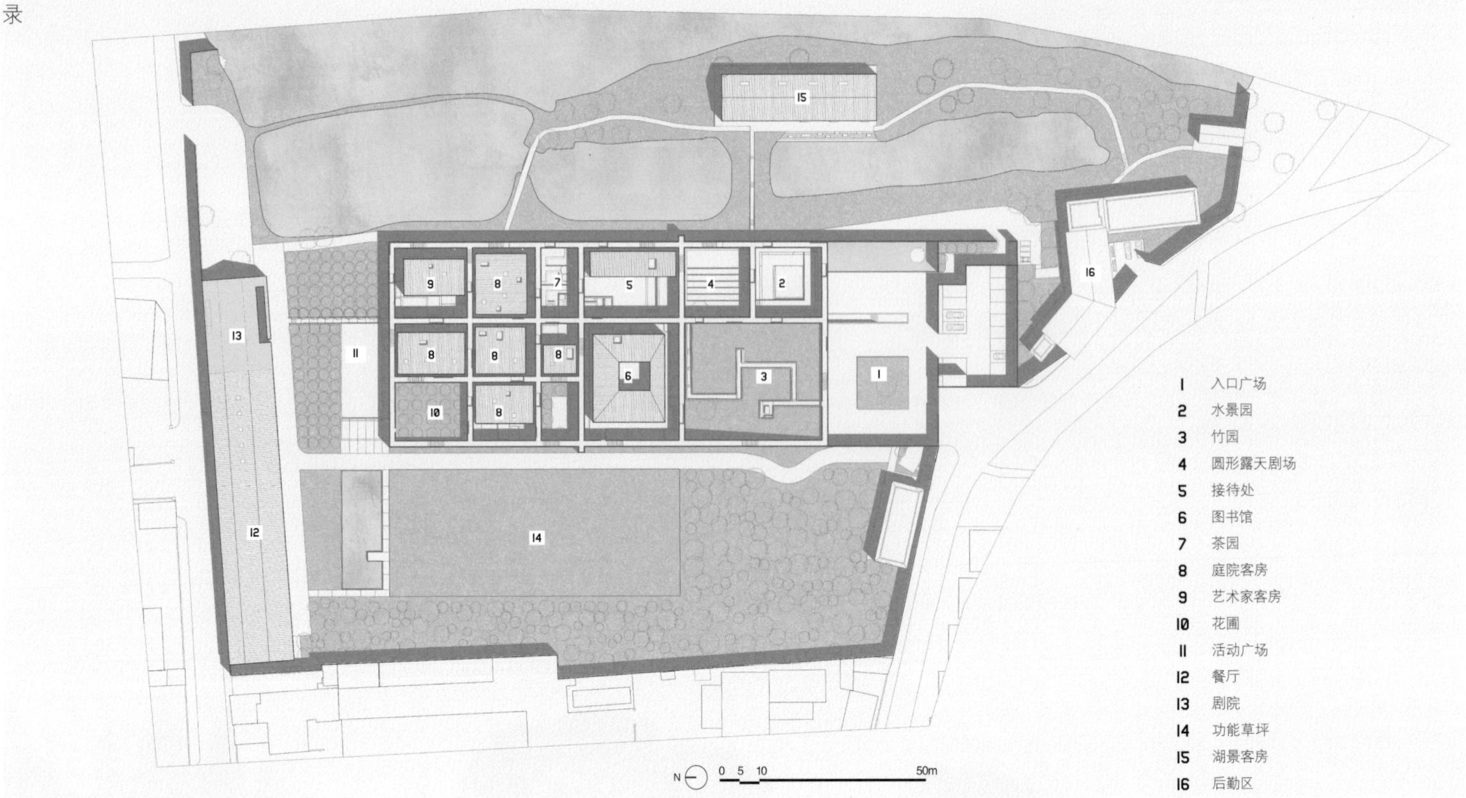

1 | 3
2 | 4

1 总平面

2 郭锡恩先生手稿

3 项目采用了网格的平面规划

4 院落的形式为空间赋予了层次

扬州青普瘦西湖文化行馆位于扬州风景秀丽的西湖附近。由于场地各处散布着小湖泊和一些现有的建筑，这家包含 20 间客房的精品度假酒店对如恩来说是一个颇有挑战的项目。业主希望对基地原有的部分老建筑进行适应性再利用，为之赋予新的功能，同时增加新的建筑以满足酒店的容量需求。为将这些分散元素统一起来，如恩采用了网格的平面规划，框定出围墙和通廊的布局，从而将各个功能整合在一起，形成一个多院落的围场。设计的灵感源自中国四合院的建筑类型。和传统的庭院一样，院落的形式为空间赋予了层次，将天空与地面的景观框架其中，让景观融入建筑，创造出内部与外部的重叠。

矩阵式的砖墙完全由灰色回收砖砌成，狭窄的内部通道形成了狭长的视角，光线穿透变化着堆叠的砖石，吸引来客对在空间中不断深入探索。若干庭院内设有客房和公共设施，如前台、图书馆和餐厅。其中许多单体建筑的屋顶与四周的围墙齐平，远远望去形成了一条平整的天际线。穿过婉转的砖墙走廊，住客们最终到达自己的客房。客房被砖墙勾勒的庭院包围，客人们可以在此欣赏各自庭院中的私密景观。还有一些没有设置客房的庭院，三两树木自成一座花园，让人在墙垣之中获得自然与放松。

沿着砖墙漫步，客人们可偶遇墙中隐藏的开口，向上踏几节楼梯，遁入更加安静且视野开阔的屋顶，在这里一览整片行馆的建筑矩阵和更远处的湖泊。平直的天际线中跳脱出 3 座建筑：一座两层高的客房、一座包含 4 间客房的湖滨小筑，以及位于行馆一端的一座多功能建筑。多功能建筑由原有的废弃仓库改建而成，包含了新建的混凝土结构，其中有一间餐厅、一个剧院和一个展览空间。如恩希望通过利用这个项目最有特点的两个景观元素 —— 墙与院，将复杂的场地格局统一起来，通过粗犷的材料和层叠的空间营造，用现代的设计语言重新定义传统的建筑形式。END

1	4
2 3	5 6

1 湖景客房公共区域

2 多功能建筑

3 郭锡恩先生手稿

4 设计的灵感源自中国四合院的建筑类型

5.6 矩阵式的砖墙完全由灰色回收砖砌成

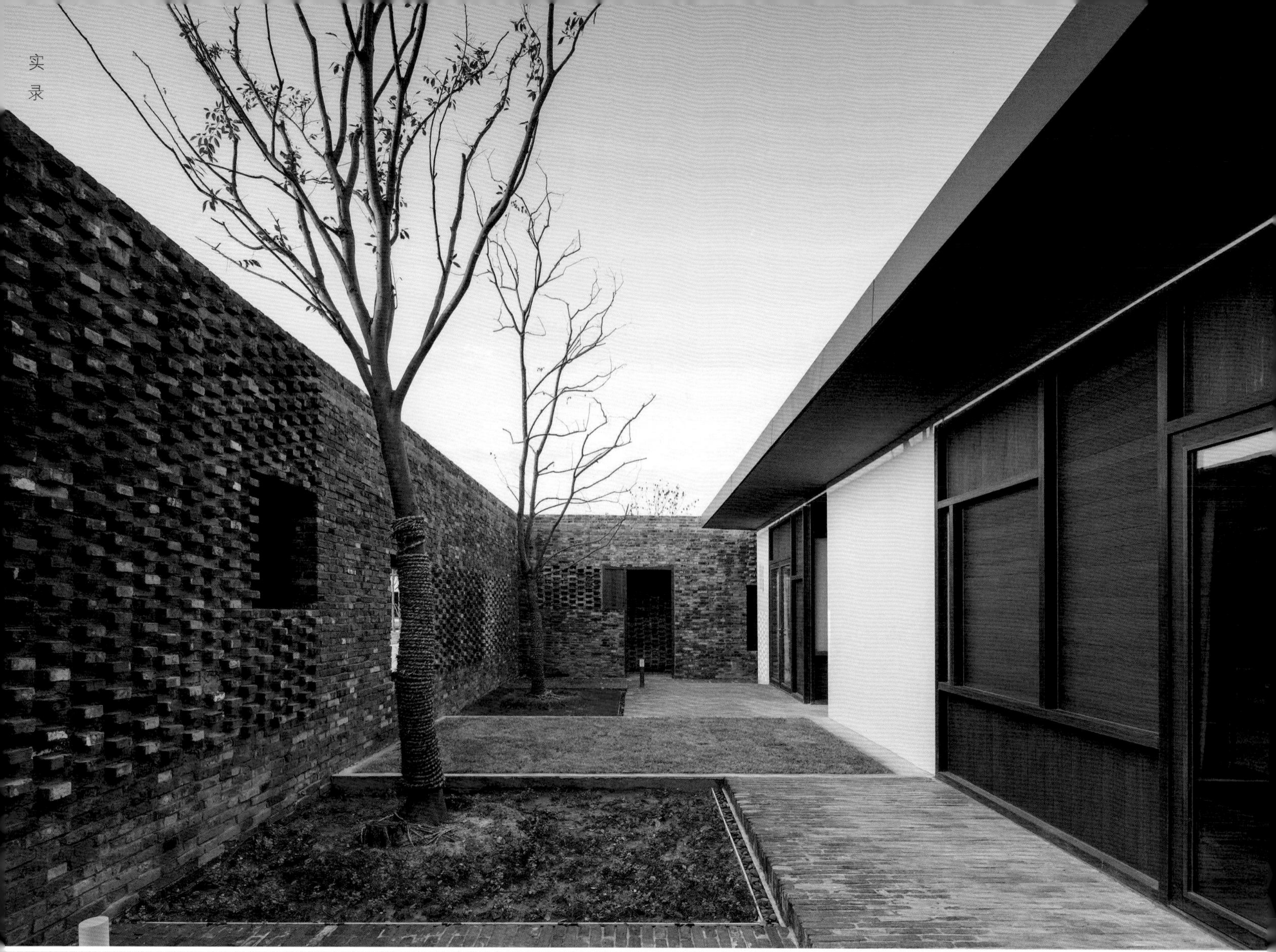

| 1 | 3 4 |
| 2 | 5 |

1.2 沿着砖墙漫步，客人们可偶遇墙中隐藏的开口

3.4 卫生间

5 前台接待区

TripSmith 酒吧
TRIPSMITH BAR

摄　影	黎光波
资料提供	重庆物集装饰设计有限公司

地　点	重庆渝北区紫康路5号
设计团队	郑宏飞、谢斌
设计单位	重庆物集装饰设计有限公司
建筑面积	230m²
施工单位	重庆物集装饰设计有限公司
设计时间	2017年5月
建造时间	2017年9月

1 吧台与内场区
2 外摆区

“轻松、舒适、温暖”是 TripSmith 团队对设计方提出的唯一要求。

接到项目时，我们已经很了解项目选址的那片老社区了，斑驳的街道、参天的榕树、来往的行人，一切都那么自然、平静，这里让人很轻松，想放空……

设计做了两稿，第一稿我们做了严谨的空间梳理和分析，希望整个空间可以通透流畅，然而不能满足业主的是：他们需要更大的吧台——“吧台才是精酿爱好者正确的打开方式！”

于是我们对第一稿做了颠覆性的推翻、调整后，才有了现在的最终呈现结果。分区基本为外摆区、外场区、啤酒吧台、咖啡吧台、鸡尾酒吧台和内场区，功能区为冻库、厨房、卫生间和二层员工区。

体验——是最核心的设计诉求。过程中，我们和 TripSmith 团队从未讨论过风格、手法、材料等，我们更多在乎的是一切跟体验有关的问题：每款啤酒最佳的饮用温度不一样，我们就对冻库做了温度分区；咖啡和冰块对水质的要求不一样，于是针对不同的需求做了不同的水处理系统；增加地暖，让冬季饮用冰啤酒时体验感更好；为了让外摆区和外场区能有半户外的感受，我们设计了全开放的折叠门，增加空调冷量，只为夏季也能将吧台直面老街，更多与自然的衔接；还有吧台高度、灯光的调节、音响的位置、新风、恒温水等……这些点点滴滴，都是经过反复感受以后得出的结论。

在很多时候，专业设计师都喜欢站在专业角度来看设计，专业的定义其实很广。把自己放在消费者的位置来思考设计，这是本案最大的收获！END

1	4
2 3	5

1 高脚椅靠墙放置

2.3 卫生间

4 内场区

5 吧台

MOC芯城汇销售中心

MOC XINCHENGHUI SALES CENTER

摄　　影 | 张骑麟
资料提供 | 集艾室内设计（上海）有限公司

地　　点 | 中国苏州
室内设计 | 集艾室内设计（上海）有限公司
设计总监 | 黄全
设 计 师 | 王义国、毛峻、夏炎、陈凤
软装陈设 | 张燕、李振
业　　主 | 新城控股
面　　积 | 4000m^2
竣工时间 | 2017年9月

1 大理石肌理与几何线条的交融
2 光之廊道

光的意义，让抽象的空间被感知。随时光推移，看光影斑驳，形成特殊的影像漂浮和空间流动。因为光无形，所以空间无界，它是艺术家追求的美学信仰，是设计师通往空间领悟的灵魂。设计师黄全一直追求光与空间的完美结合，强调二者的互动关系。在这个简洁、具有现代化信息的聚焦空间，在承载着互动与沟通的大型开放领域里，光之美正展现着属于商业空间的沟通力与行销魅力。

设计师在这个空间内最大限度地使用了自然光，大片的玻璃幕墙模糊了空间的界限，让人们在室内也能感受大自然云影变化中的色彩。镜面金属雕塑的轴线转折，呈现动感的有机形态。艺术画廊的展示区域，整体空间不仅讲究艺术品的格调与配置，也呈现出材质雕琢的层次。艺术家王小双、顾奔驰、刘健的作品收藏于此，宽敞的展示空间使参观者能静心驻足于此，让身心与艺术得到交流，地面与墙面都使用了不同花纹样式的大理石，凸显了美术馆般高雅的艺术氛围。

穿过走道便来到三层洽谈区，时尚前卫的黑色镂空圆球型单椅、极简的吊灯与装置吊顶的几何元素相呼应，以当代的手法，演绎光与空间的艺术灵韵。俯视空间里的视觉力，一种因为科技而改变的速度与空间感，让人们的视觉体验着完全不同的感受。

近 $4000m^2$ 的大空间里，整个天地散播着华丽与奔放的气息，追寻着黄金比例以展现其样式张力。艺术装置般的顶棚造型，仿佛千万缕光束将焦点都汇聚于此空间里，光影、水景、人文、艺术都在这里灵动地交融。现代几何的线条感融合陈设，突显了空间的律动，营造了丰富的视觉层次。阳光透过巨大的落地玻璃窗洒进室内，理性与感性达到平衡，制造美学的秩序和平衡感。

空间通过大量艺术品的融入，塑造出充满文化与雅致的氛围。数位性线条亦延伸到配饰与艺术品上。一幅以不规则格线来产生四维空间错觉感的地毯，搭配上镂空单椅，透过玻璃帷幕背景，穿透延伸至室外格栅间。阳光洒落的缤纷让穿透性发挥到极致，使人产生赏心悦目的愉悦感。整体布局以现代的手法，创造出舒适雅致的气质，带来全新的视觉感官体验。楼梯处的艺术雕塑《运动的石头》外形如陨石，衬托出空间的速度感与生命感。END

| 1 | 3 |
| 2 | 4 |

1 墙面精心布置的艺术作品

2 黑色镂空圆球型单椅

3.4 通高的接待空间

接待
RECEPTION

1 | 2
  | 3

1 光线在不同材质间的流转

2 接待空间

3 现代感十足的几何造型楼梯

叠院儿

LAYERING COURTYARD

撰文	韩文强
摄影	骆俊才（CreatAR Images）、金伟琦
资料提供	建筑营设计工作室

地点	北京前门
设计师	韩文强、黄涛
结构顾问	张富华
水电设计	郑宝伟
灯光顾问	董天华
家具顾问	宋国超
主要材料	镜面不锈钢、印刷玻璃膜、透光砖、橡木板
建筑面积	约530m^2
竣工时间	2018年2月

1 水景庭院
2.3 改造前
4 沿街立面夜景

“叠院儿”隐藏于北京前门附近的一片传统商业街区之中，占地面积约 500m²。原建筑是一座颇具民国特征的四合院商业用房。与民宅相比，这里的房屋较为高大。南侧沿街是一排拱形的门窗，北侧的房屋则建有两层。在本次改造之前，房屋结构均被整体翻建过，院内并没有门窗和墙面，裸露着粗犷的木结构梁柱。据说这里在百年前曾是青楼，建国后又转变为面包坊，翻建之后就空置下来。建筑未来的使用被设定为兼有公共活动与居住的混合业态空间。因此，本次改造在提升建筑质量以及基础设施的同时，重在创造基于胡同环境背景之下的特定场景体验，以吸引日益多元消费需求的城市人群。

传统建筑的一个显著特点就是呈递进式的院落。在一座三进四合院当中，房屋的使用功能跟随每一进院而相应地产生变化，由外向内私密性逐步提高，人们由此产生“庭院深深”的印象。设计受到传统空间中“多重叠合院落”的启发，将原本的内合院改变为“三进院”，以此适应从公共到私密逐级过渡的功能使用模式，并利用院落的逐层过渡在喧闹的胡同街区之中营造出宁静、自然的诗意场景。“叠院儿”重新梳理了新与旧、内与外、人工与自然的关系。首先局部拆除了南侧房屋屋顶，在室内空间与街道之间退让出第一层庭院，然后在南北房屋之间新加入一座坡顶建筑，并以两层平行的庭院将新与旧相互分隔。三层庭院让所有的室内空间都能有竹林与阳光相伴。空间之间彼此分离又相互透叠，带有雾化图案的玻璃墙面犹如叠嶂一般，进一步强化了半透明感的空间效果，由此实现了由外至内不同空间场景和生活情境的叠合并置。

房屋的使用模式跟随着三层庭院，自然产生由开放向私密的过渡关系。南房布置了接待、餐厅、酒吧、厨房、办公、库房等，是一个举办公共聚会活动的地方。原建筑木质梁柱结构被尽量保留下来，由新置入的两个木盒子服务单元划分出不同尺度的使用空间。透过第一层庭院，原建筑拱形门窗洞和朱漆大门变成了“影壁墙”，在竹林的映衬下勾勒出真实多彩的胡同生活剪影。中间的房屋被处理成一个弹性使用的多功能空间，既可以与前面餐厅合并共同使用，也可以独立作为展厅，或者与后面客房区合并作为休息区。这个新建的建筑体在形式上尽量考虑与两侧坡顶旧建筑在尺度、采光、距离上的协调关系。内部空间围绕一个线性的水景庭院展开，主要使用透明、半透明、反射性的材料和家具以弱化一个实体空间的物质存在感，营造有别于旧建筑的轻、透、飘的氛围，既映射又消隐于竹林庭院之中。北侧房屋是最为私密的客房区域。利用原建筑结构条件，一层空间被划分为 4 个房间。客房休息区与卫浴区利用材料的变化彼此分开，每间客房都拥有独立的竹林庭院，内外之间相互层叠掩映。二层则分为 3 间大小各异的客房。透过落地玻璃幕墙，视线掠过层叠的灰瓦屋顶和绿树蓝天，正是身居此处的最佳风景。所有客房均配置了人脸识别和智能控制系统，客人可以通过线上平台完成预约并扫码入住，让居住体验变得更加轻松和便捷。END

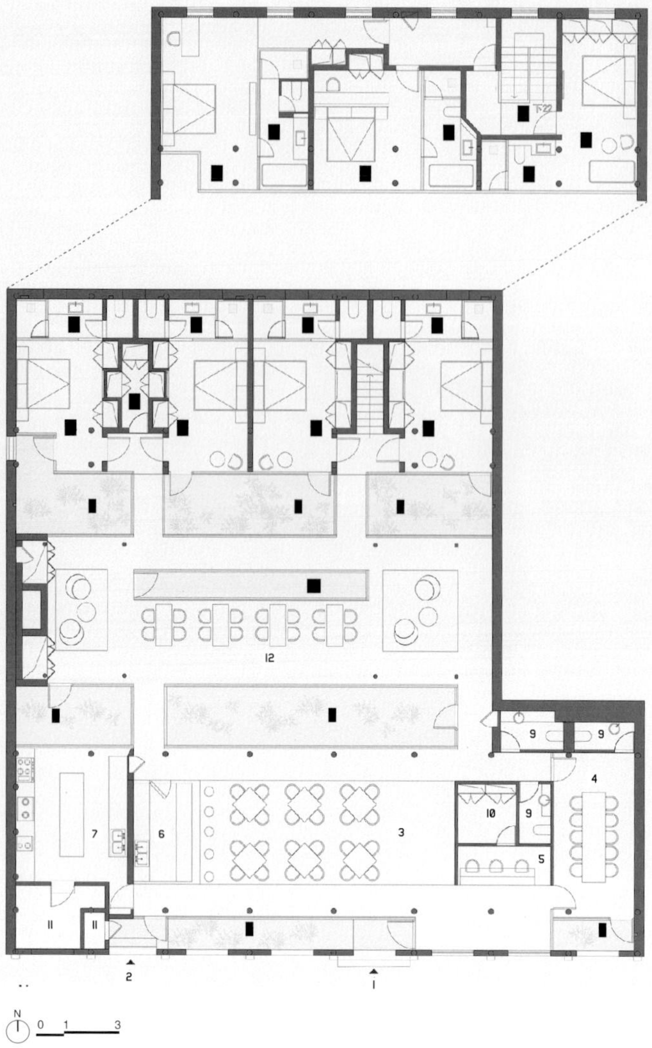

1 主入口
2 次入口
3 餐厅
4 VIP包间
5 前台
6 吧台
7 厨房
8 庭院
9 洗手间
10 办公室
11 设备间
12 多功能厅
13 水庭院
14 客房
15 布草间
16 楼梯间

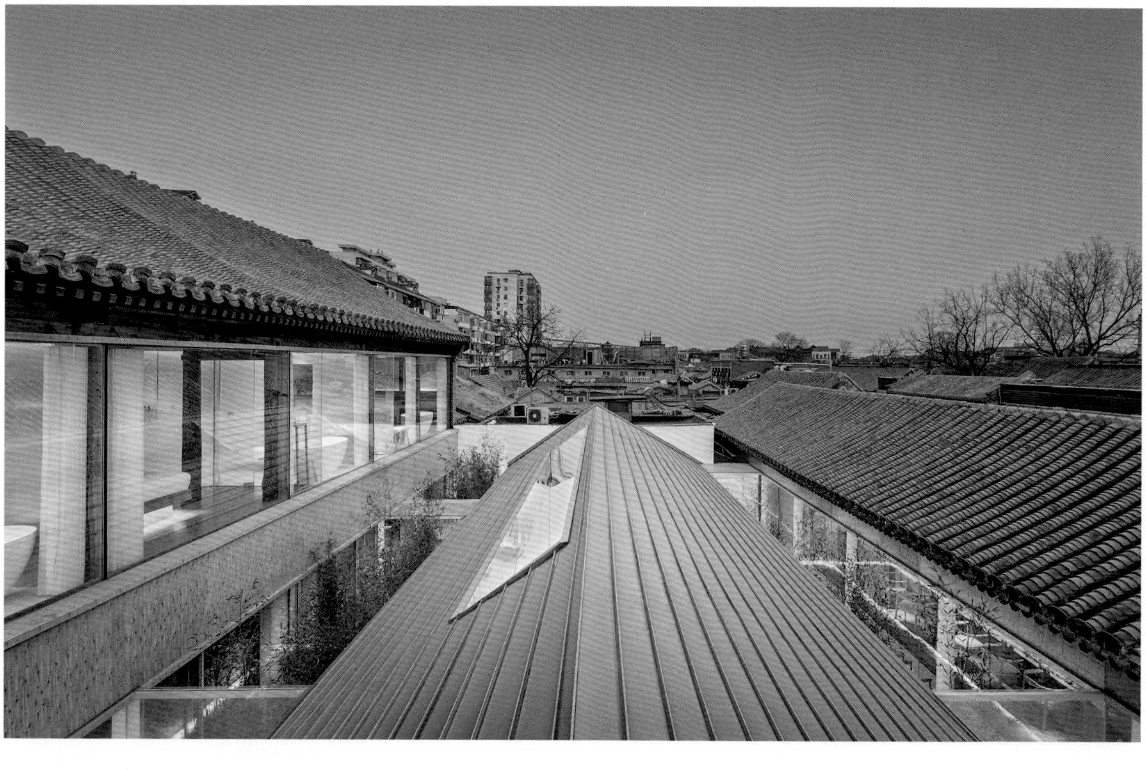

1 3
2 4

1 平面图
2 庭院关系
3 入口
4 餐厅

1	4
2 3	5

1.4.5 多功能厅

2 二进院

3 走廊

1	3 4
2	5

1.5 二层客房

2 客房卫生间

3.4 楼梯

北京中粮广场
BEIJING COFCO PLAZA

摄　影	Seth Powers
资料提供	Kokaistudios

地　点	北京市东城区建国门内大街8号
建筑改造	Kokaistudios
首席建筑师	Filippo Gabbiani, Andrea Destefanis
建筑设计总监	李伟
室内设计总监	王思昀
设计团队	秦占涛、 Eva Maria Paz Taibo、Daniele Pepe、Kasia Gorecka、 Marta Pinheiro、黄婉倩
合作单位	中国建筑技术集团有限公司
面　积	49000m^2
开业时间	2017年6月

1 中庭玻璃顶棚

2.3 外观夜景

北京中粮广场建于1996年，地理位置显要。它位于建国门内大街8号，北向长安街，西距紫禁城中轴线仅1km，是中国元首开启国庆阅兵的起点，南迎城市北京火车站，每天见证着百万人流汹涌着进出城市的门户。

这座建筑还是一个时代的象征：作为中粮集团第一座总部大楼，它是中粮人20年集体记忆的见证，中粮在这里从一家本土央企成长为世界级食品产业和地产巨头。虽然其总部一年前搬离这里，但很多重要的部门仍然留守并入驻着众多重量级的企业总部，仍是中粮精神的"圣地"。建筑也是1990年代北京公共建筑风格的代表：整座建筑以45°扭转的柱网嵌入城市肌理的方式非常独特，南北两座V形14层的办公塔楼（AB座）和中间一座同样扭转了45°的正方形连接体（C座）咬合而成，既让塔楼锋利的四角呈现强烈的几何性，又把建筑和用地边界的空间留出很强的公共性。外墙为米色花岗岩主体、咖啡色的基座、镜面反射玻璃的带型条窗和金黄的屋顶。内部空间装饰了米色石材为主体的地坪，绿色、和红色石材拼贴的装饰，不锈钢柱子和栏杆，这些都是典型的1990年代后现代特征的设计。

Kokaistudios在初次接触此改造项目时曾有犹疑，将此建筑改造为具有当代性的优越城市空间面临诸多挑战。硬件方面，内部中庭空间凹凸太多、动线复杂、层高有限。20年未曾改造的结果导致了大量弥合新旧设计规范和法规的工作。本次改造一期包含C座地上地下空间，二期改造范围为AB座大堂和公共空间。分期实施虽然保证了项目可持续的营收，但是也给改造设计带了诸多限制，设计的意图无法完整实施或无法一次性呈现会给公众带来疑惑。

我们和客户反复沟通后达成共识：设计在传承中创新，而这正好吻合了Kokaistudios遗产传承和空间品牌化的特长。遗产的传承意味着延续老建筑带来的归属感并释放建筑既有的潜能，空间品牌化则意味着营造一个融入中粮企业文化的空间体验。

项目定位针对建筑既有的办公规模，彻底取消了家居卖场的功能，以酒店的概念来指导办公功能的布局。首先，C座二层至五层的功能由商场调整为办公，和AB座一道在功能上可类比酒店的客房。其次，建筑地下三层到地下一层成为一个倒置的配套功能：植入了健身、餐饮、商务会议等服务于写字楼（客房区）的配套服务功能。中粮置地在此基础上打造了自己的写字楼3C体系：COFFICE（智能办公体系）、COFCO Life（餐饮和健康生活）和COFCO Fantasy（众创空间、共享商务办公和画廊展厅）。

C座的升级改造不仅增加了写字楼的规模，而且极大提升了整个写字楼的服务空间和空间的价值。这一行动彻底改变了建筑的办公和商业两个原本毫无关联的业态配置。最后，建筑的底层则贯通ABC三

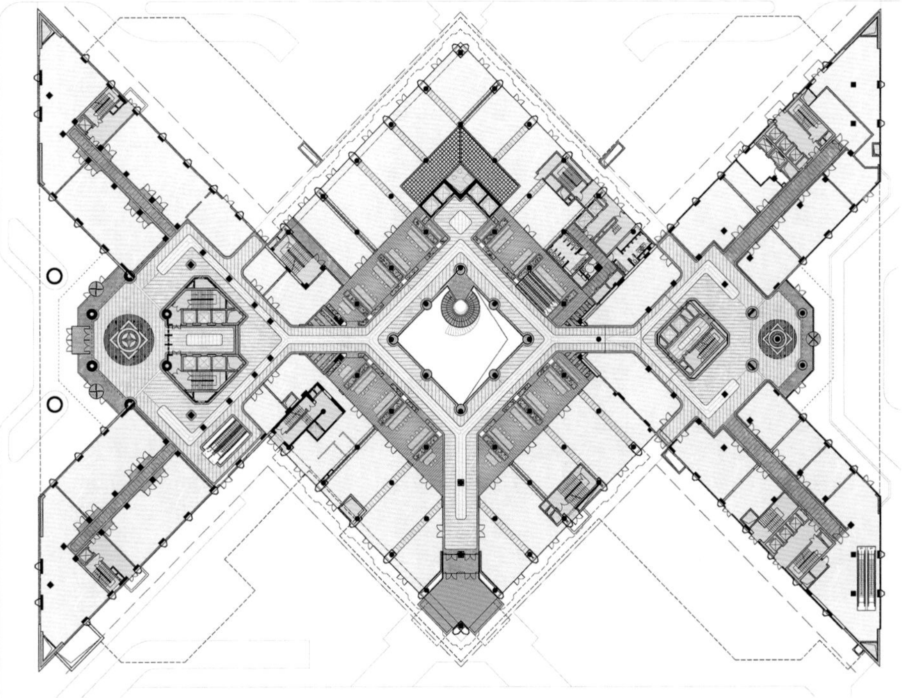

1 中庭
2 一层平面

座建筑的南北轴线，并让C座的底层成为一个开放的城市广场，配置生活方式功能，服务于室内外两侧的外摆空间，营造开放的都市氛围。

针对内部空间设计方面，首先需要做减法：剔除装饰设计附着在建筑空间逻辑之外的变化，比如C座中庭内弧线的边界和A座大堂凹凸曲折的轮廓，让建筑回归了原本的简洁而明确的空间关系。与之呼应的计划拆除B座入口上方的楼板，增加了B座入口的中庭。这样ABC三座建筑均明确了一个几何轮廓明晰的公共空间：六边形、正方形和五边形。

接着，是对空间序列的梳理，从ABC的入口空间进入建筑，并经过一段过渡空间的"起"、"承"，在到达C座中庭时空间均为之一"转"：垂直和水平向度的室外张力被释放开来，将人的体验带向高潮。

向上，阳光透过顶部的玻璃穹顶（保留现状的结构）投射进正方形简洁的中庭空间里，经过漂浮的玻璃盒子的反射，上演了光影与几何精彩的互动，呈现出万花筒般丰富的效果。同时，日光变化和玻璃盒子外立面幕墙让底层的广场得到一种室外空间的感受，改变了内部原本封闭而单调的感受。在顶光的引导下，电梯到达顶层，会发现一个完全沐浴在阳光下、与世隔绝的花园。由于底层的咖啡或餐饮均采用了通透的形式，从室内的外摆区、商铺再到室外的外摆区和外部的景观花园，形成了平远的景观。

向下，新植入的螺旋楼梯不仅是空间中优雅的雕塑，同时提供把人流带入中庭中央来感受整个空间的机会。楼梯螺旋而下，人的视线随之下沉，渐渐离开了底层喧闹的入口和室内外生机盎然的绿化景观，将注意力集中到地下三层的空间。在地下三层的广场上，重新审视整个中庭的时候，不仅仅会感受高耸的空间带来的兴奋，更吸引人的是中庭周围的空间，如同被庇护的家的场所。B1的画廊和COFCO Life、B2的COFCO Fantasy和B3的健身、休闲等服务功能为写字楼提供了舒适的服务环境。

最后是氛围的营造：地上的办公空间和地下的服务空间分别呈现冷暖基调的对比。中粮的绿色生态概念嵌入空间的每个节点，生态绿植的参与和简约的浅米色石材、木吊顶和地坪，让空间的氛围宁静舒适。另外，代表了老建筑材料的两种材料仍被恰如其分地组织进来：绿色石材始终限定交通性节点，而哑光不锈钢巨柱则支撑起中庭上部写字楼的玻璃盒子，并限定了AB座的入口大堂，这些有着历史意蕴的材料均让建筑和老楼的关系充满温情。

外立面的设计同样围绕着传承和创新的矛盾关系，重点是C座调整为写字楼后和AB座塔楼的关系，C座创造性强调并重申了与AB基座柱列的关系，而让建筑总体的关系得到巩固和强化。底层的石材柱子向上分叉、延展、转换形成支托，包裹一个晶莹的玻璃盒体。C座的立面不仅作为个性彰显的建筑主体而存在，而且加强了建筑群组整体的概念，同时这个新的立面简洁有力地限定了建筑和城市间的公共景观的背景。

在Kokaistudios的城市观点中，整体设计并不意味着设计单项或建筑单体的简单叠加，而是设计不同方面的叠加所产生真正的化学反应。项目改造完成后不仅让中粮广场建筑本身得到了提升，写字楼内部的人群和公共活动得到了激发，而且广场的公共服务也吸引着周边写字楼的人群，改变着这个区域的办公生态圈。新的肌体不仅作为孤立的个体被创造，而是能够恰如其分地融入老的肌体，并且在功能、空间、时间和城市形象等各个方面激发彼此的潜能与活力。END

| 1 | 4 |
| 2 3 | 5 |

1.3 交通空间

2 顶层弧形空间

4 中庭俯瞰

5 中庭简洁、纯净的旋转楼梯

ROLANCY
CO LIFE

十三步走完的家
A HOUSE WITHIN THIRTEEN STEPS

撰　文 | 钱晨
摄　影 | 胡义杰

地　点	上海市浦东新区上南路
主设计师	刘津瑞
设计团队	冯琼、郭岚、罗迪、王建桥、焦昕宇、汤璇、杨颖、张冬卿
项目经理	郭岚
城市顾问	王溯凡
结构顾问	唐熙
技术顾问	邹明溪、侯秀峰、蔡兴杰
声学顾问	杨志刚、文立森、王蒙蒙
施工图单位	立木设计研究室
施工图设计	赖武艺
施工单位	上海帝然建筑装饰工程有限公司
施工监理	李晓龙、沈舟
软装设计	周昱
业　主	东方卫视《梦想改造家》栏目
鸣　谢	段红、倪奕、周昱、施军、袁斌、徐晖
设计时间	2017年6月~2017年7月
施工时间	2017年8月~2017年10月

1 室内空间一览

2 改造前现状

现状：收束爱好的家

东方卫视《梦想改造家》节目第四季第八期项目位于上海市浦东新区的上南路，现状使用面积不到 34m²，从南到北仅十三步长，因此得名为“十三步走完的家”。与这个小户型不匹配的是家庭的规模和住户的需求。祖孙三代五口人中，除了 2 岁的孩子需要成长空间，还有一家文艺工作者：男高音爷爷、钢琴家奶奶、爱好交谊舞的父亲和学画的妈妈。现状户型是一个窄通道串联起相互割裂的老人房、主卧和客厅，既不能为这家人提供共享的活动空间，也没有余地满足每个人的爱好。连续大空间可以带来混合和共享，似乎是可以预见的策略。但是如何做到合而有分，给每个人提供自己的隐私空间，让爱好不再被收束，是设计的一个重要议题。

平面概念：翠玲珑

设计师的平面灵感来自古典园林“翠玲珑”的空间概念，从对角线的方向组合方形空间，让这些方形空间部分独立又有所重叠。“翠玲珑”的空间模式主要出现在两处。一处是入口、开放式厨房和老人房三个空间延续出的对角线空间，此处的空间进深因此从 1.7m 扩大到 6.1m；另一处“翠玲珑”空间原型是由内厨房、入口和客厅组成的，此处的视觉深度也从 3.5m 增加到 7.5m。“翠玲珑”既是一个连续的空间，又因为其锯齿状边界可以有更多余地组织壁柜等收纳功能，这种“大”不是大户型敞亮连续的大尺寸空间带来的实际大小，而是借相邻空间的视觉可达性带来的视觉大小。这种空间策略化解了原有的尺寸限制，是一种“小变大”的设计思路。

“翠玲珑”的空间概念在具体平面布局改动中也可以简洁、高效地完成。通过将原有的厨房分割为内外两部分，外厨房则成为了入口空间的一部分，墙面的后退将原来的入口走道扩大为门厅，两个“翠玲珑”空间的核心部分就完成了。U 型的新厨房虽然减少了进深，但由原来的单向台面改造为双向，实际使用的操作台面积并未减少。厨房增大面宽对老人房的侵蚀，是通过一个中间打通的长方形置物架化解的，这给予做饭的爷爷一个山水画的对景，也给予老人房的墙面一个向外延伸的洞口。两个不大的房间因此增添了互动和趣味。卫生间的北侧隔墙向老人房方向移了 350mm 的距离，原有的衣橱则与床一体化整合，更紧凑地利用空间。原有客厅和主卧间的硬质隔断被取消，而通过软划分形成了三个空间段落——客厅、多功能室和主卧，可以完全联通或者划分为两个空间。

平面概念的立体呈现

平面是通过方形几何的叠加和分合来组织的，是一种较为抽象的方式。当材料参与进来时，空间又有了作为居所的更为具体的表情。有趣的是，当夯土墙、木格

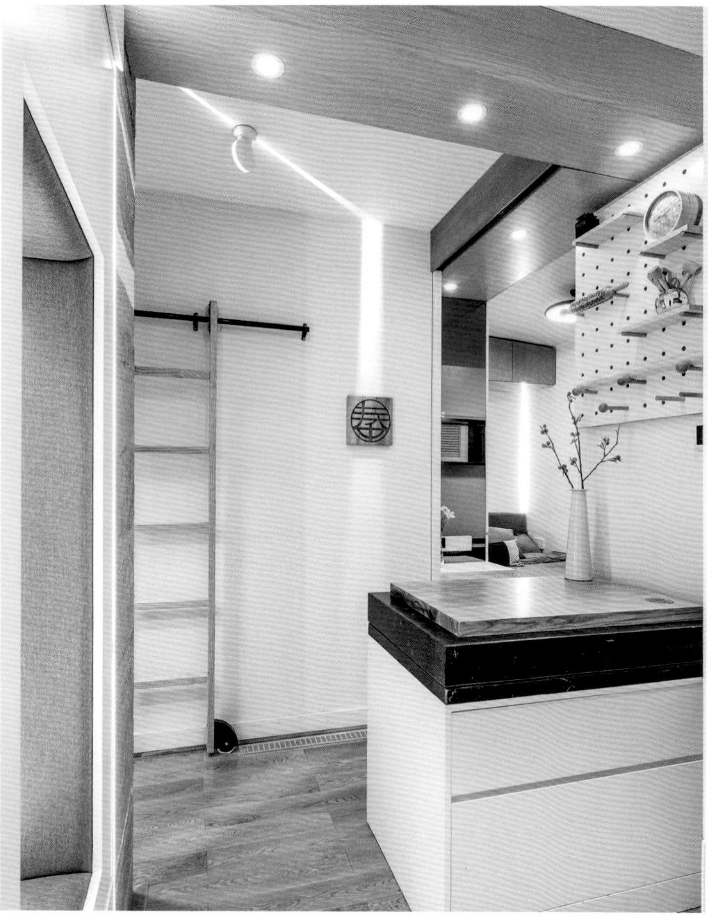

栅、木饰面、球网等材料加入到空间中时，那种方形几何的组织依然能够在立体的空间里呈现出来。房间的净高是 2.95m，在客厅的沙发区，设计师加入了一个夹层，作为儿童钻爬玩耍、放置玩具的空间，给沙发区留了 1.85m 的净高。这个夹层就像一个空腔般的吊顶，对下方有洞口打开的感受，侧面则有球网围护出半透明的效果。夹层角部由一根纤细的钢柱支撑，又创造出一个对外开敞的立方体区域。夯土的电视墙上几个白色收纳洞口内嵌，在侧面挖出几个立方体。主卧更是利用固定家具形成一个与窗连续的虚体，一个完整方形洞口。这一系列实实虚虚的立方体让简洁的空间富有层次。材料基本以整面的方式铺设，夯土墙设于分户隔墙上，避免对邻居的干扰，木格栅的包裹则起到均匀声场的作用，有了这些措施一个可以兼作为歌唱厅的多功能空间就实现了。在这个项目里，材料在让空间更柔软更温馨的同时，也以业主的需求作为出发点，完成了为他们的爱好量身打造的功能作用。

结语：安放爱好的家

设计师在本案中，通过“翠玲珑”这一对角线平面概念将居住的线索串联起来，为每个家庭成员创造了共享或者独属的空间。

在改造后的新家中，所有人的爱好都得以安放。在可以自由分合的“客厅 - 多功能厅 - 主卧”序列中，可以给妈妈提供办公桌，给爸爸提供跳舞的场地，还有给爷爷的一个以夯土墙为背景的小小歌唱厅。夹层在孩子幼时可以玩耍，长大又可以收纳。奶奶则在老人房中有了自己弹琴和茶艺的空间。

“翠玲珑”的设计概念也给收纳带来了优势，在与业主沟通的过程中，设计师发现他们不能接受“变形金刚”式的家具，业主认为很多可变家具虽然能呈现有趣和炫酷的节目效果，但对于实际使用者并不友好。很多节目中的住宅回访之后又回到了原初的状态，此时与其说是责怪使用者辜负了原本设计的匠心，不如说在最初制定策略时没有为使用者的习惯量身订制。设计师认为在家居设计中更应当强调人对空间的“无意识”使用，同时因为起居文化的差异性，大多数中国人可能都无法适应日式家居的极致折叠和收缩，因而设计师尝试采用空间变形而不是家具变形的手法，来打造适合这一家人的日常起居空间。设计的出发点是解决问题，当设计真正服务到一个具体的对象时，就需要更多具体的思考，是从小往小里做（设置更多机巧的机关），还是从小往大里做，是设计师原初策略的选择，在本案中，显然后者是更适合这一家人的。

如果把所有的立面展开，“十三步走完的家”因为曲折的空间概念而有了更多面，也让漫游的过程远不止十三步。它就像一幅展开的画卷，原本被普通户型牺牲掉的活动的可能性都重新出现在这个长卷中，家庭中五个使用者个性化的活动和可以共享的空间都呈现在这个丰富的画面里。可以说，“翠玲珑”的策略让这个大空间（one-room）的边界容纳了更多角角落落，正是这些角落让连续大空间的概念充满了细节。END

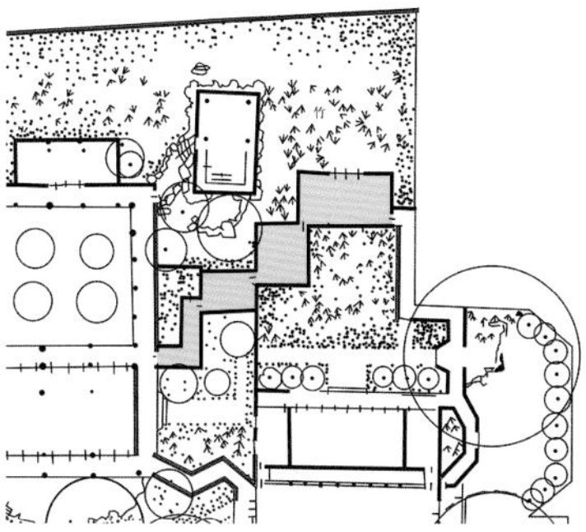

苏州沧浪亭翠玲珑

入口处“翠玲珑”进深 6.1m²

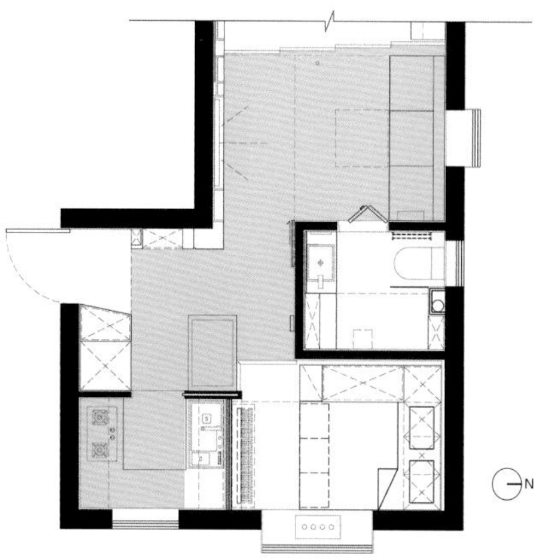

客厅处“翠玲珑” 进深7.5m²

1 2 | 3 4

1 入口处的“翠玲珑”
2 客厅沙发区
3 “翠玲珑”的设计概念
4 客厅处的“翠玲珑”

1	4
2 3	5 6

1 外厨房

2 改造前平面

3 改造后平面

4 从卧室看向客厅

5 内厨房和老人房的视觉联通

6 办公梳妆区域

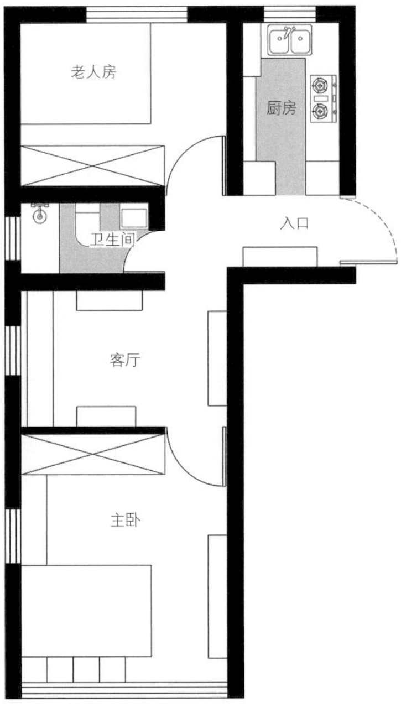

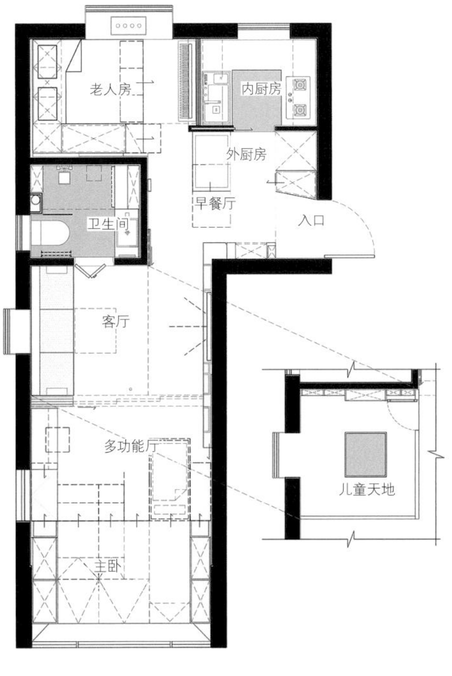

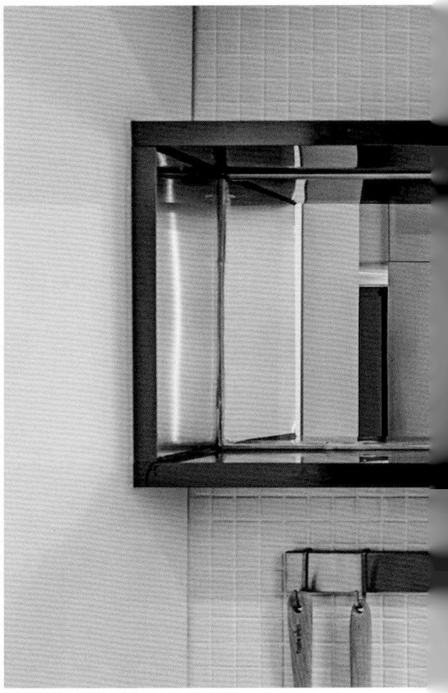

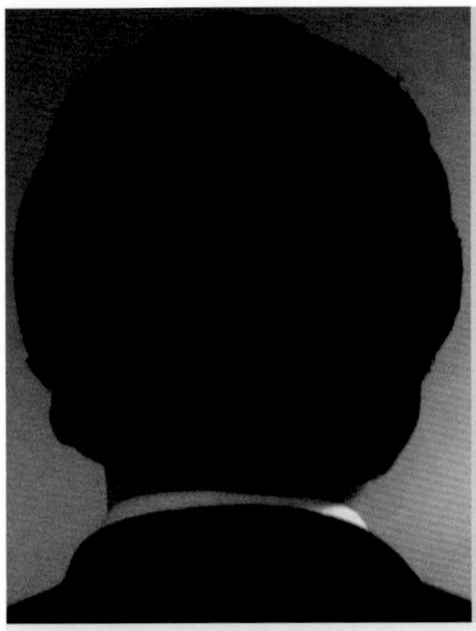

闵向

建筑师，建筑评论者。

如何应付我的中年危机

撰　文 | 闵向

对我而言，如果不想变成握着保温杯的油腻中年人，就要一，不能对镜自恋，觉得别人都不如我，固步自封；二，不要成为克拉拉瓷器，所谓克拉拉瓷器就是西方人认为这是东方的，而东方人认为这是西方的一种外销瓷器。我不想刻意去杜撰一个西方人认为是东方的建筑风格，我45岁了，可以不要镜子也不要成为克拉拉瓷器。

我的中年危机大约是会懈怠。运气的是，当我要懈怠的时候，总有什么事会鼓舞我再斗。国庆长假中，我看到了石上纯也在山东的新作，我被深深打动，觉得没啥理由可以放松自己在建筑学上的继续探索。

我的建筑学，首先希望要正视自己的欲望，最基本的欲望是生存和存在，而不是欲望发展出来的各种表现形式。没有正视欲望的人谈所谓的精神，似乎是伪善的。所以我一定正视自己贪吃、好色（基于生存发展出来的放大的欲望），以及要跟各位师兄弟争长短的名利心和虚荣心（证明自己存在）。第二步是要反省，光想放纵欲望而不反省，就是人渣。第三，要不断回顾历史，来发现自己不足的地方。第四，要建立给自己前进的评判标杆。第五，要用最新的范式来重构自己的思想。第六，具备上述五点就可以去触动我自己的建筑学了。

我清楚并反省我的欲望，并用图表创建了建筑学的游标卡尺和创新量尺。我把自己认为建筑学的各种可能性都综合在卡尺表格中，帮助发现自己的创新点是在哪里。是在结构、设备、景观上？还是在创造性的审美中？是生产工具、生产资料、生活方法，还是突破建筑学的极限？是在形态上、建筑化上、施工图等等上下功夫，还是能够从形态、空间、色彩、肌理、材料当中入手，去形成自己的形式语言、创造自己的风格、创造自己的学派，乃至风靡世界的主义呢？之后在创新的量尺表格中判断我做的是革新还是刚性创新。

可惜我觉得我们大多数建筑师的工作无非是文字游戏和形式游戏，偶尔会有人会做点微创新。我悲哀地觉得，不太指望自己能够做刚性创新，所以我努力去创造特殊知识创新，也就是实验室创新。如果这个实验室创新一旦能够成为新的普遍有效知识，那就是刚性创新。但是如果是已知普遍有效知识的再创新，它的生命力和极限是可以看得到的。量尺进一步帮助我明白自己应该怎么做。

我写了一篇 30 万字的关于中国古代无法实物考证的建筑历史，在撰写过程中不断矫正自己的历史偏见，比如全球化已经存在于我们以为的闭关锁国时代。我把过去看得清楚一点，这样就可以把未来再看得有趣一点。所以重构思想是看未来，回顾历史是帮助自己更好地看未来。

我是通过复杂性这个范式来重构自己的思想。目前建筑学已知的思想范式都已经落伍了。你们看，自 1984 年圣塔菲所建立的复杂性思维在如今触发了阿尔法狗，深度学习和人工智能已经极大地影响了我们的生活。而我们建筑界，讨论的哲学家还是拉康和维特根斯坦，能谈到罗兰巴克和福科，就已经了不起了，但都是 30 年前的范式了。我们的世界已经完全改变，我们的建筑也在改变。如果我们的建筑学思想范式不进行改变的话，我们的建筑学已经到了尽头。

我触动建筑学有两个方向，第一个是所谓狭义的建筑学实践，第二个是社会学的推动。建筑学实践先基于建筑互文性，帮助我解脱那种纯粹一丝不挂的创新幻觉。其次是类型学，一种对已知知识和现象的重新分类。通过分类形成设计的上句，以引入对偶这种中国的特有修辞发现作为设计的下句，这是我的建筑学策略创新。在具体的手法上我关注于材料的半透明性表达和色彩的侵略性陈述。我着迷于设计当中展现的即兴、偶然和不确定性，避免落入对永恒、稳定、光线塑造空间的窠臼。我希望就此发展出我的个人风格。

至于我的社会学实践，用建筑学作为工具去推动城市微空间复兴计划，这个计划其实由三部分组成，一为卑微的空间设计；第二为迷失自己人生方向的女孩设计；第三为这个城市里没有存在感的人设计。

我所介绍的作品基本都是围绕这线索来实践并呈现的。我是建筑师，双子座，即兴，不确定。开始的时候，我都不知道我要做什么，没有一定之规。但我相信如果这个世界不够美，就让我们创造一个新的。END

陈卫新

设计师，诗人。现居南京。地域文化关注者。长期从事历史建筑的修缮与设计，主张以低成本的自然更新方式活化城市历史街区。

关于元宵节的照片

撰　文 **|** 陈卫新

1948 年的元宵节，是什么样的。在没有这批照片前，我实在是难以"准确"地想象。在秋季来临之前，我一直抱怨天气的炎热。南京在这个夏季几乎一直保持着 30°C以上的高温，但相较浙江奉化的 42.2°C，又显得"凉爽"了许多。1948 年的温度如何？谁记得呢。1946 年 5 月 1 日，国民政府正式发布"还都令"，并宣布于 5 月 5 日"凯旋"南京。"那几年的南京，似乎一切都顺利，又似乎一切都混乱。人们喜悦，但随即又陷入深深的恐慌。1949 年 1 月 21 日蒋介石宣布下野，而在新年的元旦，中国共产党的新年献词是"打过长江去，解放全中国"。谁能知道呢，数月以后，辽沈战役、徐蚌战役接连失败，南京岌岌可危。1948 年 11 月 13 日，号称"文胆"的"总统府"国策顾问、首席秘书陈布雷自杀。遗书末尾说："岂料今日，乃以毕生尽瘁之初衷，而蹈此极不负责之结局，书生无用，负国负公，真不知何词以能解也。"1949 年的 4 月 23 日，国民党统治了 22 年的"首都"失守。

从照片里看过去总有一种平常中的"震惊"感受。在这批照片中有玩斗嗡的，有药店，药店外有福民砂眼药水灯箱。有看奇人怪物、杂耍幻术的，有卖荷花灯、卖兔子灯的，扎灯的手艺人拱着手，站在一根木制的公共汽车站牌旁，默默地看着远方。几位军人与学生在一起玩套圈的游戏。茶楼是夫子庙最多的，也是最特色的所在。马路上也有骑着三轮车的，有铲雪的，间隙有卖报纸的路过，去年此时，傅斯年曾连续发表了三篇有威力的檄文：《这个样子的宋子文非走开不可》、《宋子文的失败》、《论豪门资本之必须铲除》。一时朝野震惊、群情激奋。作为"首都"的人民，自然是要多一些激愤情绪的，这似乎也是传统。当时的监察院由此派员彻查"黄金风潮"。新任行政院长宋子文不得不提出辞呈。后面的照片依然是靠近夫子庙的小街，街上有卖气球的、卖白兰花的、卖面人的，魁星亭总是挤满了人。斜向的巷子里有理发店与养鸟的店，远远地看去，电影院像一个神奇的魔力世界。

很庆幸，我在这些"乱花渐欲迷人眼"的花灯世界里，偶然发现了一个"南京公共汽车管理处"。1 路线夫子庙至下关，公共汽车的站牌其中可以清晰地看到牌子上的字。当时 1 路线的沿途站点还是贯穿得很好的，虽然不完全清晰，但大约可辨"夫子庙 – 市民银行 – 中南银行 – 杨公井 – 大行宫 – 新街口 – 珠江路 – 鼓楼 – 外交部 – 山西路 – 行政院 – 海军部 – 下关"。有趣的是那些吊满花灯的长竹竿斜正倚在电线或电话线上，显得那么"理所当然"。及至今日，在城南，你还常会有这样的错觉。一群兔子灯，蹲在车站的站牌下，旁边还

1948 年南京旧影

有一堆轮子，只待安装，那些兔子便蹦跳而去了。记忆中南京1路车似乎一直存在着，起点与终点依旧是下关至夫子庙。民国时期南京城的两个热闹处，一个是城南夫子庙，一个是城北门外的下关。周作人和周树人在下关读书时，把去夫子庙当作“放松”。不过他们的路线也是有意思的。周作人在其《知堂回想录》中曾经有过记录。1948 年，即民国 37 年，他一年中不曾作诗。是年一月廿七日曾题诗稿之末云：“寒暑多作诗，有似发寒热。间歇现紧张，一冷复一热。转眼寒冬来，已过大寒节。这回却不算，无言对霜雪。中心有蕴藏，何能托笔舌。旧稿徒前言，一字不曾说。时日既唐捐，纸墨亦可惜。据塌读尔雅，寄心在蠓蠛。”

闲人，有逗鸟的过客，有好莱坞明星一样的外国人，有一位刚刚下车，一脸茫然。那辆被困在人流中的黑色轿车，车号是00385，这会是谁的车呢？现在搜一下可能会查到。非但查到，可能连司机家的小舅子是谁都能查得一清二楚。照片中的两位女士显然已经逛过了灯市，她们表情略带讶异，也略带疲惫。一个买了莲藕灯，小的。莲藕灯要小的才更显精妙。另一位买了个鱼灯。这鱼看相不善，齿迷入锯，倒像是热带鱼，或是一种食人鱼。反正她举得高高的，忐忑的样子。远处那男人，长得不错，衣裳也好。越过车顶，可以看到更远的“无敌牙膏”的广告。那些霓虹灯可以让人忘记了烦恼。

照片中还有些看手相的、拉黄包车的、喝馄饨的，林林总总。似乎所有围观者都把表情停留在一个错愕的片断里，一晃 70 年。作为一个设计师收藏这一组照片纯属偶然，但在这些生动的社会万象中，似乎又见证了人与建筑、道路的亲切关系。所谓生活，无非如此。END

高蓓

建筑师、建筑学博士。曾任美国菲利浦约翰逊及艾伦理奇（PJAR）建筑设计事务所中国总裁，现任美国优联加（UN+）建筑设计事务所总裁。

老板娘的故事
——我的农场手记（四）

撰　文 | 高蓓

周围开公司的设计师朋友，很多都只在名片上印“头衔”—— 设计总监，很少有写董事长、总经理什么的，被人称呼也喜欢“某总”、“某老师”、“某大师”，我觉得他们都和我一样，不愿意被人称作“老板”。想想看，张大师可能会给你一套城市发展的战略计划或哲学、玄学的人居理念，张老师可能会给你一套平面详实节点充分的方案图纸，而张老板应该会给你来个一层平面加三张效果图送一张小透视的新春套餐。

可是还是有人坚持不懈地称呼你“老板”，他们可能分布在除会议室外的任何地方 —— 工地现场、效果图公司、打印厂、物业办公室……

我是有多怕被人叫做“老板”？一听到有人如此称呼，简直是面红耳赤，呼吸急促，窘迫不堪，恨不能找个地缝躲进去。每每有人问：“你们老板在那里？”我立即指着 Tony 说：“就是他。”这么多年大家都习惯了，遇到这样的事，旁边总有人挺身而出，接住了老板的人设。

我觉得自己对这种称谓的惧怕也是一种遗传。二十几年前我表哥开公司了，邻居的表述都是：“伊当老板了”，我奶奶非常惊恐：“不能这样叫，要被人斗的”。这是典型的被抄家脑损伤后遗症，间接导致了我的心理阴影。

当然我不是怕被人斗，“老板”二字中富含一种油腻，让吃素的我很难消化。

有没有比“老板”更糟糕的称谓？有，“老板娘”。

如果“老板”是一个贬义词，那么“老板娘”简直是一种诅咒。它仿佛把阿庆嫂的狡猾和孙二娘的刁横用一条虎皮围裙裹在了一起，散发出武林外传油泼辣子的味道。

开始做农场以后，身边多了好些个老板娘。

在六灶花卉城卖爬藤植物的那家老板娘个子小小的，身体动作很灵活；眼睛也小小的，眼珠转动很灵活；嘴唇薄薄的，上下开阖很灵活。她家租了路口的好几个棚，门外摆得郁郁葱葱，转个弯老远就能看到，但转弯之前我已经能感觉到她精明的气息了。

不知不觉的，每季在她店里都买了很多东西，每次还要重头谈一次价钱。她一会儿卖爬藤，一会儿做果树，一会儿销售多肉，一会儿变成主营观赏草了，她三天两头地换着，我还是勤勤恳恳地买着，我也说不清为什么，大概这就叫做“会做生意”吧。

她回一趟老家进货，第二天我准能收到新鲜的山楂、樱桃、海棠，店里的树结了金桔，也是会送来的。有一回我看到她晾了很多艾草，又带了很多回家；听说我上火了，她早起去采蒲公英托人捎来……

最重要的是，她和我一样，见不得植物死，就变成了我“捡破烂”的同伴，市场里有商家退租了，她就把他们不愿意带走的植物收集起来送给我，还有人家不要的半死不活的树，她也给我运来——“种在盆里不行，种你的地里一定没事儿”。

老板娘有好情谊啊。

过了桥往里走，有一家“小申花卉”，也有一个很有个性的老板娘。她们家是做草花批发生意的，如果你问多了，或者讨价还价了，换来的就是被当做空气的冷面。两年前我还是个植物小白，硬着头皮建设农场花房，到她家指着满地的红红绿绿逐一问询：“这是什么啊？这个是多年生的吗？这个喜阴还是喜阳啊？”她应了两句就懒得搭理，见我还不识趣，就像被骚扰了般果断大喊：“不买就走！”

就这个态度，偏偏她家的生意还很好，客人络绎不绝。我后来即使无奈也经常在她家大宗采购，因为她家又大品种又多，都是来批发的老客人，价钱不虚所以也不议价。时间久了，发现老板娘原来笑起来挺好看，说话也暖心，干活也爽快，显然我也升级成老客人了。

前些日子看欧成效的文章谈到关于做市场的精髓，他说：“‘marketing’最重要是‘拒绝’”，忽然想到这个老板娘，十分会心。大宗批发，理货清点，装箱上车都是些累人的活，她只把耐心和微笑留给那些交易量大、采买稳定的客人，这些客人大多是城里花店的经营者或是做工程采购，不会费时间刨根问底，也不会因为植物养死了回头投诉。她几乎一眼就可以识别，因而也倍有效率，而这种效率又特别吸引那些量大或次频的客户，故而格外兴隆。

老板娘有大智慧啊。

大川公路边上有一家石头堆场，常年在石堆旁立着几个崭新的黑底墓碑，表示他们也是可以承接石头雕刻业务的，十分显眼。有一次我路过看到那里新堆了些石头，颜色是很柔和的灰，于是停车去看个究竟。堆场的小屋里坐着一个磕着瓜子的老板娘，喜气洋洋的圆脸上画着正红正黑的唇妆和眼妆，小短裙上贴着绒底水钻，高跟鞋也贴着水钻，染过的刘海烫得卷卷地搭在前额上，声音像黄莺一样：“哎呀，我老公不在”她说，“你们自己看着挑吧。”

我们站在石堆上向下面探看，那是一堆很美的英石，属于堆假山的上品，虽然我们不堆假山，但即使是放在桌边墙角，或是在凹洞处养养苔藓、菖蒲都是极好的。石头大个重叠着，我们看不真切，想尽办法搬挪不动，老板娘眯着眼，靠在门边上笑嘻嘻地看着我们：“哎呀，石头很重的，你看我老公和工人都出去了，我也帮不上你们，我老公平常是一点也不让我干活的。”

我们都有点哭笑不得，准备罢手回车。“算了算了，我来帮你们试试吧。”老板娘好像有些埋怨地对我们招招手，一转身进屋，出来的时候脚上换了一双白粉色贴着水钻的毛茸茸的拖鞋，拎起墙角的一根撬棍，几步就爬上了石堆，“你们要看哪块？”

这是一幅非常荒谬的图景，一个娇滴滴的女人，站在乱石堆上，手拿撬棒，一边娇笑着说“吃不消了”，一边翻动石头，给束手无策的我和两个大男人看。穿高个鞋上山算什么中国奇景，穿闪闪的毛拖鞋撬石头才最匪夷所思。你看我做了农场以后大多数时间就穿一双“NB”，每日唯一的区别就是带没带泥，而这位女豪杰在艰苦的劳动中，仍然保持着对生活和自己的巨大热情和憧憬，她的眼影、耳环、水钻、短裙的花边坚决地透露着内心的愉悦，她温柔和绮丽的梦从没和现实的硬石头划清界限。

老板娘好励志啊。

和其他人一样，我也学会了大声称呼她们老板娘。非常奇妙的是，大声呼唤“老板娘”仿佛能得到一种江湖力的加持，让你能够挑三拣四、插科打诨，感觉自己左右逢源似的。我渐渐喜欢上这个字眼，直到有一天，发现大家也称我“老板娘”……我感到浑身不自在，以至于想祭出孙云发明的美妙句式——“你才是，你们家都是”。一次又一次，我变得出离愤怒了。

这样的问题，我得去找九。九是个奇怪的人，有人叫他“郭总”，他说：“哎”；有人叫他“郭董”，他说：“哎”；有人叫他“老郭”，他说：“哎”；有人叫他“小郭”，他说：“哎”；有人叫他“老板”，他说：“哎”；有人叫他“郭总”，他说：“哎”；有人叫他“老板”，他说：“哎”；到了我们设计公司，有人开玩笑叫他“老板郎”，他说：“哎”。

我问他是怎么做到的，他说：“做到什么啊？”我说：“不觉得‘老板’很难听吗？”他说：“为什么难听啊”。面对一个把一切借喻和修辞都当做绕圈子的天蝎座，我狠狠思索了一下，说：“就是听起来太生意人了。”“生意人不好吗？”郭老板说。

生意人不好吗，我接不下去，因为我本可以开始的长篇大论对他没用。我说：“我受不了他们叫我老板娘。”“那就去制止他们，让他们叫你喜欢听的。”九说。

等等，让旧木市场的人叫我“高小姐”，让来送肥料的人叫我“高总”，让开吊机来的人叫我“高老师”？

除非我叫旧木市场大爷“李先生”，叫来送肥料的人“张工”，叫开吊机的人“陈机长”。

哈哈，还是算了。

咋办，九说：“走自己设计师的路，让他们去叫‘老板娘’吧。”END

中国室内装饰协会
家具设计研究学会正式成立

资料提供 | 中国室内装饰协会家具设计研究学会

附：中国室内装饰协会家具设计研究学会首届人员名单

会长：张绮曼

执行会长：苑金章

副会长： 葛非、于历战、赵慧、石少义、李胜忠

会务委员：姚健、齐爱国、李胜利、郑韬凯、孙贝、王晓华、贾东、于德华、乔宇、樊非、刘震、翟炎锋、林缜

秘书长：葛非（兼任）

副秘书长：姚健

中国室内装饰协会家具设计研究学会于2018年1月19日在北京饭店举行成立会议，该学会旨在传承和弘扬创新中国传统文化，建立家具设计研究高层次学术平台。中国室内装饰协会理事长刘珝先生、副理事长兼秘书长张丽女士及徐清华主任、苏杭主任出席了会议。协会聘请中央美术学院教授、博士生导师张绮曼为会长，苑金章任执行会长，赵慧、于历战、石少义、李胜忠、葛非任副会长。

张绮曼教授首先发言，她提出首届家具设计学会的人员构成非常理想，有专家研究型的企业家代表，有多位来自高校的具有博士学位的教师，还有家具研究、艺术研究、历史理论研究方面的专家学者。这样的构成有利于将学术研究与工匠精神相结合，有利于创新突破。张绮曼会长对首届委员们寄予了厚望，希望大家在这一新建立的学术平台上施展才干，抓住中国文化复兴这一大好历史时机，在家具设计研究的方向和定位上，坚定文化自信，传承文化遗产，设计研究创新，将设计推向社会并开拓市场，把社会价值放在首位，努力作出成果以扩大学术影响力，为中国家具设计的研究突破作出贡献。

执行会长苑金章在发言中指出，家具设计越来越受到人们的重视，参与者也越来越多，古人在他们的时代创作了不朽的作品，我们如何在这个时代做出更好的作品。张绮曼教授在筹备会的时候就提出，家具设计要做“中国的”和“当代的”。我们应该按照这个方向，把这个文章做大，做好，做出中国的气派来，做出能立得住的作品，无愧于我们这个时代。

中国室内装饰协会理事长刘珝先生在发言中肯定了张绮曼教授在中国室内装饰协会发展历程中的突出贡献，也非常认可学会成立的必要性，他希望学会能在行业发展中起到引领作用，为中国家具走向世界指引方向。

中国室内装饰协会副理事长兼秘书长张丽女士也认为家具设计研究学会的成立具有重要意义，适应了国家将设计产业融合的战略部署和中国室内装饰协会的方向，协会一定会支持家具设计研究学会的学术研究工作。入会的各位嘉宾分别对于学会的未来发展畅所欲言，成立会在揭牌仪式和合影后结束。END

上海明珠美术馆揭幕
暨开馆大展“安藤忠雄展·引领”

摄　　影｜张明莹
资料提供｜明珠美术馆

1 室内空间模型

2.3 光的空间手绘（提供：安藤忠雄建筑研究所）

4 室内空间

2017 年 12 月 29 日，由国际建筑大师安藤忠雄历时两年打造的上海明珠美术馆揭开了神秘的面纱。明珠美术馆由红星美凯龙家居集团与上海新华发行集团合作创建，作为一所非盈利民营美术馆，它将与全球最具创造力的文化艺术机构、文化人、艺术家通力合作，探索属于自己的运营模式、展览内容以及与观众互动的独特方式，并以国际化的视野，全年举办高水准的艺术展览和组织丰富的艺术教育活动，积极推动学术研究与艺术出版。美术馆中同时设以“艺术生活实验室 LAB”为主题的艺术商店，成为引领大众艺术与文化生活的新地标。

艺术与阅读——“光的空间”

设计师安藤忠雄曾说：“自然界需要光，光会带给人们希望。在我的建筑里，我一直竭力想让大家感受到这束光。”他以象征希望的“光”为设计原点，创造出这处多功能文化艺术空间。这是一个包含书店的美术馆，亦是一个包含美术馆的书店，它由八层的明珠美术馆与七层新华书店共同组成，通过多功能“卵”型活动区域相互连接，在直观呈现艺术展览的同时，可提供高品质阅读所带来的文化滋养。空间的整体形象延续他一贯的建筑风格，从书店外观到书架设计陈列，均体现了光的设计元素。自然光穿过天幕，在穹顶和幕墙的留白处“自由穿梭”，与灯光、展厅和展品之间形成奇妙互动，为观众带来无可复制的光影盛宴。

明珠美术馆有着独一无二的流水曲面设计，在“光的空间”施工过程中，最具挑战性是连接美术馆与书店的清水混凝土楼梯浇筑工程，仅仅是模板试验就失败了无数次，而每次失败都需要长达 28 天的再次试验时间。馆方与建造团队秉持“要完成全世界最顶尖的清水混凝土艺术”的信念，从制模、加筋到混凝土的配比，在屡败屡战中坚持挑战。明珠美术馆以打造国际一流水准的美术馆建筑为目标，不断打磨每一处建筑细节，历时两年终于将大师的设计蓝图一一落成。

安藤忠雄在作品中表达了自己的希望：“人们和书的关系日渐疏离，我希望这个空间能增加人与人、人与书的邂逅，使人们对书产生新的认识。犹如光之于建筑，只有阅读，能让未来的希望照亮人们的心房。”光的空间新华书店正是这样一个希望服务更多爱书人的空间，如一道光，温暖实体书店的未来。

这不仅仅是一个美轮美奂的物理空间，更是一个包含期许与憧憬、滋养与共生的精神空间、社会空间。在关注世界现当代艺术的同时，明珠美术馆注重学术研究和艺术教育的发展，与新华书店一起，为观众提供高起点、高标准、高品位的视觉阅读和文字阅读体验。

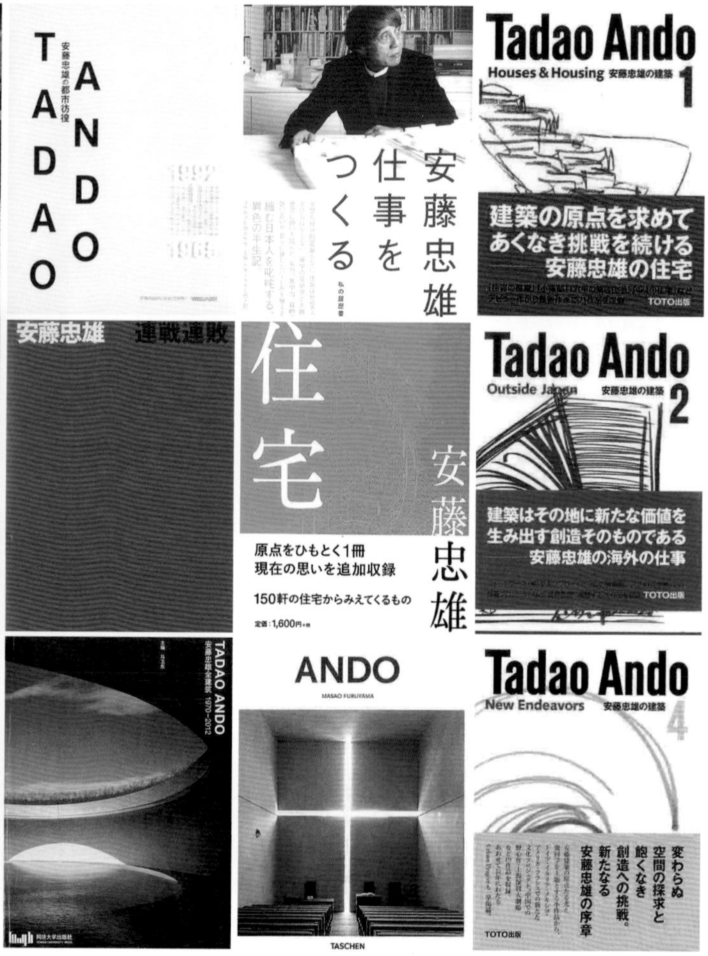

1 2
3

1.3 室内空间

2 "安藤忠雄展·引领"展品

开馆大展——安藤忠雄展·引领

明珠美术馆开馆首展"安藤忠雄展·引领"展期自2017年12月30日持续至2018年5月20日，这是安藤忠雄第一次在自己设计的艺术空间中举办的建筑回顾展。此次展览分为5个板块——"光之历程"、"思想之光"、"艺术之光"、"创作之光"、"光之阅读"，以建筑模型、纪录影像、创作产品、设计手稿、书籍文献等形式，直观地展现安藤忠雄的经典名作以及建筑之外的深远影响，包括"ANDO×草图"、"光的空间"纪录片、安藤忠雄思想之光——"旅行"和"阅读"、COSMOS花瓶设计、向丹麦设计大师Hans J. Wegner致敬的椅子设计DREAM CHAIR等具体内容。其中，巨大的日本直岛基地模型和超过200本的安藤相关书籍文献是本次展览不可错过的重点。除此之外，展览还呈现了安藤在中国的其他经典建筑项目。

安藤忠雄坦言，自己曾设计过很多美术馆，但书店与美术馆结合的设计却是第一次，本次展览以"艺术+阅读"的独特展览内容及空间设计为观众开启了全新的体验之旅。

文化、科技与商业结合的综合体新业态

相较于线上书店，实体书店的优势是丰富的阅读体验。在"光的空间"新华书店中，赋予了书店"高科技"的属性，带给读者焕然一新的立体化阅读体验，包含多种创新模式：书店选书——结合全网大数据和专业团队共同的智慧，将一些被埋没的好书挖掘出来；涂鸦找书——基于全球最大的神经网络图库之一开发，随手画一个图案，就能找到相应图书的封面；情绪荐书——对着屏幕做个表情，就能根据年龄、性别、喜怒哀乐来推荐读者可能需要的书；兴趣荐书——回答几个问题，就可能获得想要阅读的书。

各种文化活动将陆续开展，除了优质的作者见面会、签售会以外，还会有来自各领域权威人士的分享会、学者教授的讲座、亲子教育沙龙、手工工作坊等。读者还可以自发参与活动选题的定制，组织"推理之夜"这样的小型沙龙，与其他读者交流阅读体验。书店将不定期邀请神秘嘉宾担任"一日店长"，并常设"志愿者荐书员"，读者可以自发报名，选择自己感兴趣的图书类别，穿上书店的定制围裙，向其他读者分享自己喜爱的书籍。END

慕容沙发上海旗舰店盛大开幕

MorriSofa 慕容沙发上海旗舰店于 2018 年 1 月 12 日正式盛装开业，这是该品牌继 2017 年 9 月首家香港旗舰店开幕后，在国内开设的第二家直销门店。全新店面诠释了时尚与智能的完美交融，艺术与品位融为一体，充分展示了慕容品牌极具魅力的家居潮流风尚与品牌理念精髓。仪式上，慕容控股董事长兼总裁邹格兵先生颇具信心地表示："时值慕容控股上市一周年，在全球业务布局巩固的基础上，我们将进一步拓展集团在海外市场和中国市场的销售网络，升级引领国际时尚家居品牌文化。"

主打时尚型格设计家具，将目标受众锁定在年轻及中产客户群的 MorriSofa 慕容沙发，一直倡导优质生活的理念，奉行"自由、平衡、智慧、品位"的生活哲学，践行"尊重、融合、创新、感恩"的品牌主张。

此次上海旗舰店的开幕则是慕容沙发开拓国内市场的重要战略举措之一，未来，MorriSofa 慕容沙发还将积极开拓海外、香港及内地的家具零售网络，预计明年会陆续在北京、深圳等一线城市，以及中西部地区的省会城市再开 10 家以上新店，至 2019 年开店步伐会进一步加快。

裸心社宣布收购澳大利亚高端联合办公空间品牌 Gravity

亚洲高端联合办公品牌领导者裸心社正式公布收购澳大利亚高端办公空间品牌 Gravity 的计划，收购后者 70% 的股份。此前，Gravity 一直为澳大利亚企业和专业人士提供高端联合办公服务。此次收购代表裸心社在快速增长的联合办公市场中不断扩展版图，进一步扩大了其全球市场份额。

iRobot 生活达人学院推出"家居整理收纳沙龙"活动

作为全球家用机器人的领导者，iRobot 公司设计并制造了许多机器人，力求帮助人们在家里和家外完成更多的事务。近日，iRobot 举办首届生活达人学院并推出"家居整理收纳沙龙"活动，邀请日本整理收纳达人分享整理收纳小窍门，更推荐 Roomba 980+Braava jet 扫擦组合帮助人们解决日常家庭清洁问题。

Ideal Home Show 梦想家生活方式展登陆上海

Ideal Home Show 梦想家生活方式展于 2017 年 12 月 14 日登陆上海世博展览馆。活动设立 6 大互动体验区，包括梦想家改造、梦想家居、梦想家智能、梦想时尚、舌尖上的梦想和摩登家庭，以超过 20 个国家的 150 个品牌和数千款商品，以及 200 场时下热门实用生活指南，为年轻情侣和家庭带来耳目一新的消费体验。展会特邀"梦想大使"之一的明星室内设计师吴滨倾情打造了 3 层高：比上海普通住宅大 10 倍的"梦想房子"，该举措乃国内首次，为消费者带来绝无仅有的观展体验。梦想家生活方式展于 1908 年创立于伦敦，至今已有 109 年历史，是至今全球历史最悠久，规模最庞大的消费者盛会之一。2017 年，盛会首次登陆中国，并计划在不久的将来在中国一线城市扩张。

飞利浦秀个性化智能照明系统串联智能家居生活

飞利浦照明旗下个性化智能照明系统参展 Ideal Home Show 梦想家生活方式展，运用灯光连接多样智能家居，采用互动舞台剧及快闪体验店结合的形式，打造未来智能家居空间飞利浦秀个性化智能照明系统。同时，其亮相"梦想家未来"主舞台，以智能互联照明串联舞台剧，通过小剧场情景演绎与未来智能家居理念相融合，观众快速了解智能家居的变革，亲身感受整体智能家居联动的未来感。展会同期发布飞利浦秀白光氛围照明新款灯具产品系列。睿哲、睿颖与睿恒三个系列，拥有桌灯、落地灯、吸顶灯以及支架灯等品类产品。多样化产品设计为家居照明和未来家居装饰风格提供了更为多元化的可能。同时，飞利浦照明通过与京东电商平台合作，打通线上线下多面互动，提供新零售解决方案。

东原"原声"：百名跨界专家共话"居住"、"儿童"两大社会课题

东原"原声"活动于 2018 年 1 月 12 日在上海八分园热烈展开。在东原地产集团设计研发中心的聚集下，近百位资本、地产、教育、设计、咨询行业的资深专家共话一堂，围绕"居住"和"儿童"两大社会课题展开交流与分享。话题包括"居住·趋势·价值"与"儿童·教育·空间"，资深建筑媒体人、APlus 品牌策划机构创始人连晓静女士，与主办方代表、东原设计研发中心的景观设计总监吴昊，共同主持本场活动。作为一个知识共享、经验交流、跨界对话的开放平台，"原声"活动刚刚起航。2018 年，东原将聚合更多来自设计界以及其他综合领域的、与东原拥有同样理想的专家人士携手并进，将声音传播到业界乃至社会。

China Hand-draw Art Design Competition

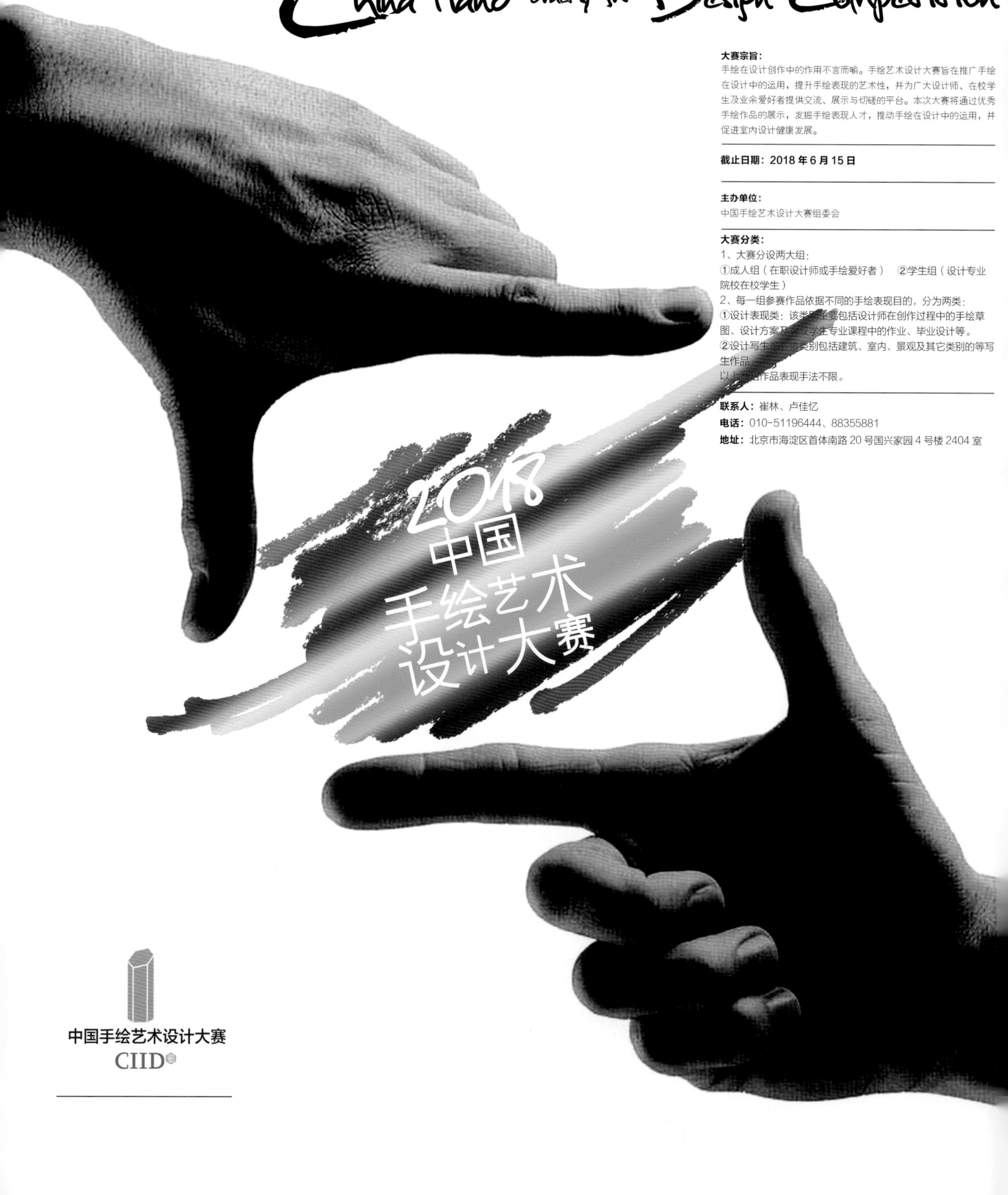

大赛宗旨：
手绘在设计创作中的作用不言而喻。手绘艺术设计大赛旨在推广手绘在设计中的运用，提升手绘表现的艺术性，并为广大设计师、在校学生及业余爱好者提供交流、展示与切磋的平台。本次大赛将通过优秀手绘作品的展示，发掘手绘表现人才，推动手绘在设计中的运用，并促进室内设计健康发展。

截止日期：2018 年 6 月 15 日

主办单位：
中国手绘艺术设计大赛组委会

大赛分类：
1、大赛分设两大组：
①成人组（在职设计师或手绘爱好者）　②学生组（设计专业院校在校学生）
2、每一组参赛作品依据不同的手绘表现目的，分为两类：
①设计表现类：该类别主要包括设计师在创作过程中的手绘草图、设计方案及院校学生专业课程中的作业、毕业设计等。
②设计写生类：该类别包括建筑、室内、景观及其它类别的等写生作品等。
以上两类作品表现手法不限。

联系人：崔林、卢佳忆
电话：010-51196444、88355881
地址：北京市海淀区首体南路 20 号国兴家园 4 号楼 2404 室

中国手绘艺术设计大赛
CIID